改訂新版

ROS 2
ではじめよう
次世代ロボットプログラミング

近藤 豊 [著]

技術評論社

●免責

記載内容について

本書に記載された内容は、情報の提供だけを目的としています。したがって、本書を用いた運用
は、必ずお客様自身の責任と判断によって行ってください。これらの情報の運用の結果について、
技術評論社および著者はいかなる責任も負いません。

本書に記載がない限り、2024年8月現在の情報ですので、ご利用時には変更されている場合も
あります。以上の注意事項をご承諾いただいた上で、本書をご利用願います。これらの注意事
項をお読みいただかずにお問い合わせいただいても、技術評論社および著者は対処しかねます。
あらかじめ、ご承知おきください。

商標、登録商標について

本書に登場する製品名などは、一般に各社の登録商標または商標です。なお、本文中に™、®
などのマークは省略しているものもあります。

第2版に寄せて

　本書を手に取っていただき、本当にありがとうございます。本書は2019年8月に出版された「ROS2ではじめよう 次世代ロボットプログラミング」の改訂第2版です。

　2019年当時は3年間の長期サポートを約束するROS 2ディストリビューションが初めてリリースされた年でした。ROS 2の前世代であるROS 1の方がまだまだデファクトスタンダードとして活用されている状況の中、海のものとも山のものともわからないROS 2について扱った本書が出版されました。それから5年の歳月を経て2024年9月、本書は内容をほぼ全面刷新した第2版として出版されました。

　2019年当時はROS 1のユーザ数の方が圧倒的に多く、ROS 1の代表的なツール、パッケージ群がようやくROS 2への移行を開始し始めたような時期でした。そのため、第1版にはROS 1を知らない方、使ったことがない方に向けて、ROS 1の備える機能を駆け足で紹介する「ROS 1ツアー」の章を最初に設けたり、ROS 1の開発者がROS 2に移行する手順を実践的にサポートする「Roomba用ROS 1ドライバのROS 2移行」の章を設けたりしました。

　時は過ぎ、ROS 1の最後のディストリビューションのサポート期間が2025年で終了しようとしています。すでにユーザ数はROS 1よりもROS 2の方が多くなり、コントリビュータの人数はROS 2が圧倒しています。そこで、第2版ではROS 1に関する説明を可能な限り削除しました。ROSに関する歴史的な背景を説明するためにROS 1の説明を用いる箇所には一部残りますが、それ以外の部分にROS 1は存在しません。そのため、第1版で読者から好評だった「ROS 1ツアー」の章も「Roomba用ROS 1ドライバのROS 2移行」の章も泣く泣く削除しました。その分、ROS 2の周辺技術について紹介する「ROS 2エコシステム」の章と、実際にセンサーやロボットを使ってROS 2プログラミングを行う「実践ROS 2プログラミング」の章を新しく追加しました。

　改訂第2版の発行にあたり、筆者は第1版の「はじめに」の章で述べた以下の一節に並々ならぬ思い入れがあります。

> （前略）そんな日本企業がロボット関連技術のオープンソースソフトウェアとしてデファクトスタンダードの地位を確立したROS 2をソフトウェア資産とし

> て存分に活かし、インパクトあるロボット製品、ロボットアプリケーションを
> いち早く市場に投入していく未来を筆者は夢見ています。

　その未来を誰かの手ではなく自分の手で実現するべく、筆者は第1版出版後に前職の Preferred Robotics では家庭用自律移動ロボット「カチャカ」の開発者 API と ROS 2 インタフェース開発の主担当を担いました。現職のティアフォーでは ROS 2 をミドルウェアに採用するオールインワン自動運転ソフトウェア Autoware のソフトウェアエンジニアリングをしております。プライベートでは ROBOTIS DYNAMIXEL のサーボモータに対応した ROS 2 ドライバの実装を公開しており、世界中の幅広いユーザが利用しています。

　さあ、次は読者のみなさんの番です。心の準備はできましたか？

はじめに

ROSとは何か

　Robot Operating System（ROS）の次世代バージョンである ROS 2[注1]は非常に大きな目標を掲げたロボットアプリケーション開発のためのミドルウェアです。前身である ROS 1[注2]は公式オンライン Wiki「ROS Wiki」の日本語版[注3]では、以下の文章から書き始められています。

> ROS（Robot Operating System）はソフトウェア開発者のロボット・アプリケーション作成を支援するライブラリとツールを提供しています．具体的には，ハードウェア抽象化，デバイスドライバ，ライブラリ，視覚化ツール，メッセージ通信，パッケージ管理などが提供されています．ROS はオープンソースの一つ, BSD ライセンスにより，ライセンス化されています．

　ROS はさまざまな分野の先駆者たちが築いた膨大なライブラリやツールの資産を統合、再構築することで成り立っています。ソフトウェア開発者がロボットアプリケーションを作るたびに一からソフトウェアを設計、実装することは、もはや現実的ではありません。開発者は車輪の再発明をしたいのではなく、その車輪の上で動く車（ロボット）を開発したいはずです。つまり、ROS はみなさんがロボットアプリケーションを開発するうえで、なくてはならない道具なのです。上述されている機能を一つずつ簡単に解説していきましょう。

● **ハードウェア抽象化**

　ハードウェアの構成、制御方法を抽象化し、その上にソフトウェア（アルゴリズ

[注1] 本書の初版では日本語との相性からスペースなしの"ROS2"を採用していましたが、ROS 2が普及した第2版ではトレードマークガイドラインに則り、半角スペースを入れた"ROS 2"表記を採用します。https://www.ros.org/imgs/TrademarkRulesAndGuidelines2022.pdf
[注2] ROS 2と明確に区別するために、本書ではROSではなくROS 1と呼称します。ROS 1とROS 2の両方の意味を含む場合のみROSと呼称します。
[注3] http://wiki.ros.org/ja

ム）を実装します。

● **デバイスドライバ**

ロボットに接続されたセンサー、アクチュエータ[注4]の入出力を標準化されたインタフェースで扱えるようになります。

● **ライブラリ**

抽象化されたハードウェアを対象とするナビゲーション、マニピュレーション[注5] などのアルゴリズムを実装します。

● **視覚化ツール**

ロボットの内部状態やセンサー出力を2次元、3次元で視覚化します。

● **メッセージ通信**

プロセス間、コンピュータ間の通信プロトコルを規定しています。その上で、データをストリーム送信するトピック、RPC（Remote Procedure Call）を行うサービス、フィードバック付き RPC を行うアクション[注6]、キーバリューストアの役割を果たすパラメータという通信手段を提供します。

● **パッケージ管理**

多種多様なプログラミング言語、依存関係で記述されたプログラム（以下パッケージ）同士を統合的にセットアップ、ビルド、テスト、リリースします。

Web 業界では、昨今マイクロサービスという概念が広く注目されています。Web サービスを構成する機能を分解して再利用可能な構成に落とし込み、それらを RPC などを通じて相互接続して運用する手法をマイクロサービスと呼びます。起動手順を記述した構成ファイルを含むことが多いです。

ROS のしくみはこの概念に非常に似ています。マイクロサービスとは呼ばずノードという言葉を使いますが、同じく再利用可能な一つ一つの機能が実装されています。これらのノード間を上述のメッセージ通信で相互接続したものが ROS アプリケーションになります。起動手順はマークアップ言語やプログラミング言語で記述されます。

注4　入力されたエネルギーもしくはコンピュータが出力した電気信号を、物理的運動に変換する、機械・電気回路を構成する機械要素を意味します。

注5　ロボットの腕や手に当たる部分を使って行う物体操作を意味します。アーム型の産業ロボットをマニピュレータと呼ぶ理由もこれに由来します。

注6　アクションはそれ専用の通信手段が用意されているわけではなく、実際には複数種類のトピックやサービスに分解され、それらを組み合わせて実現されます。

ROS 2で何ができるか

ROSを使うとさまざまな種別のロボットを高速開発することが可能となります。その一端を紹介しましょう。ROS 1とROS 2の違いは次章で詳しく解説しますが、プロトタイプ開発に終わることの多かったROS 1と違い、ROS 2ではそのまま製品開発につなげやすくなる改善も含められています。

自動運転

ROSが最初に力を注いで開発を進めたのが、ナビゲーションパッケージです。ナビゲーションパッケージには大きく分けて地図の作成と地図上の経路計画の役割があります。特に地図作成において、広大な地図を作成するアルゴリズム開発は非常に難しい課題です。さらに車やロボットによってどこの部位に取り付けられるかが変わるカメラや距離センサー、IMU（Inertial Measurement Unit）[注7] の情報を統合して扱う必要があります。

ナビゲーションパッケージでは、地図作成にSLAM[注8] と呼ばれるアルゴリズムを実装する枠組みを提供します。一番メンテナンスされていてよく使われるのはSLAM Toolbox[注9] です。その他にもSLAMアルゴリズムのオープンソースソフトウェアであるOpenSLAMの実装の一つGMapping[注10] を利用したパッケージや、元々はGoogleが開発していたCartographer[注11] を利用したパッケージなどが利用されています。

経路計画はNav2[注12] がデファクトスタンダードです。ROS 1の初期の時代から使われてきた歴史を持つナビゲーションスタックの第2世代です。単純な地点間の経路計画だけでなく、経由点追従、エラーリカバリーなどたくさんの機能を備えています。

これらのパッケージの存在により、以下に挙げるようなロボット開発のラピッドプロトタイピングが可能になりました。

注7　慣性計測装置を意味します。XYZ軸方向の平行移動と回転の速度と加速度を計測する装置です。
注8　Simultaneous Localization and Mapping。自己位置推定と環境地図作成を同時に行う手法です。
注9　https://github.com/SteveMacenski/slam_toolbox
注10　https://openslam-org.github.io
注11　https://google-cartographer.readthedocs.io
注12　https://navigation.ros.org

- 物流倉庫の無人搬送車
- ラストワンマイルのためのデリバリーロボット
- 家庭内を走り回る自律移動ロボット

　開発者は車輪のついたロボットの土台を作り、その上にカメラかレーザーセンサーを載せて、それらの配置や構成を記述するだけで、計算機とつなげばそれなりの精度で動く移動ロボットが完成してしまいます。また、自動車の自動運転ソフトウェアに関しては、ROS 2と連携とするAutoware[注13]というオールインワンパッケージのオープンソースソフトウェアがあります。

図1　Autowareを使った自動運転（https://github.com/autowarefoundation/autoware より転載）

　現在では、2次元地図だけでなく、3次元地図の作成と経路計画の開発も進んでいます。

ファクトリーオートメーション

　ROSを研究開発分野だけでなく、産業分野でも広く普及させようとするROS-

注13 https://autoware.org

Industrial[注14] という組織が 2013 年にアメリカで発足しました。その後、ヨーロッパ、アジアでも発足し、現在、ファクトリーオートメーション（工場における生産工程の自動化）に向けて盛んにソフトウェア開発が進んでいます。特にマニピュレータに代表される産業用ロボットの動作計画やセンサー統合の技術は ROS-Industrial の貢献によって大きく進捗しました。

ロボットの動作計画パッケージとして有名なものが MoveIt[注15] です。ロボットの関節構造とアクチュエータの制御方法を記述した構成ファイルを用意してロボットコントローラーとつなげば、簡単なセットアップ手順を進めるだけでロボットの動作計画ができるようになります。これだけで、ロボットの周りに複雑に配置された周辺装置や治具[注16] との干渉を回避しながら目標位置姿勢に移動するための動作を自動生成できるようになります。距離センサーなどと組み合わせれば、その場の動的な状況に合わせた動作計画を行うこともできますし、物体認識技術と把持計画[注17] を組み合わせれば、マテリアルハンドリングのような物流現場で必要となる作業を（半）自動化することだって可能なはずです。

MoveIt を開発している PickNik は MoveIt の商用版である MoveIt Studio を製品化しています。ビヘイビアツリー[注18] による高度なタスク記述や機械学習ベースのビジョンと統合されたインタフェースを提供しています。

注14 https://rosindustrial.org
注15 http://moveit.ros.org
注16 加工や組み立ての際、部品や工具の作業位置を指示・誘導するために用いる器具の総称です。
注17 ロボットのハンド（グリッパや吸着パッドなど）で対象物をどのように掴むかを自動計画する手法です。
注18 ビヘイビアツリーとは、ゲームにおいて敵やNPCなどのAIを作るうえで有効な手段の一つです。キャラクターの思考・行動をツリー構造上に配置し、行動に至るまでの思考の流れを視覚的にわかりやすくしたものです。この仕組みはロボットの思考・行動にも適用できます。

図2 MoveIt Studioによる産業用ロボットの動作計画（https://discourse.ros.org/t/announcing-moveit-studio-developer-platform/26942 より転載）

この先、生産工程の1工程だけでなく、全行程を計画する動作計画器の開発も進んでいきます[注19]。

組み込みシステム

ROS 2の特徴の一つとして、組み込みシステムへの適用のしやすさも挙げられます。mROS 2[注20]やmicro-ROS[注21]を使うことで、マイコンがROS 2のネットワークに参加できるようにもなりました。特にmROS 2は限定的ではありますが、PC上で実行されるROS 2ノードとマイコン上で実行されるROS 2ノードが直接通信することができます。

iRobotの掃除ロボットRoombaの最新機種は内部がROS 2で実装されていると言われています。その証拠にROSの開発者会議ROSCon 2019で消費者向けロボットにROS 2を適用するユースケースを紹介したり[注22]、マイコンへROS 2を適用するための性能ベンチマークを行うフレームワークを提供したり[注23]しています。

注19 ROSCon 2018において、MoveItの仕組みを拡張し、複数のサブタスクの組み合わせを定義、実行できるパッケージMoveIt Task Constructorが発表されました。https://github.com/ros-planning/moveit_task_constructor

注20 https://github.com/mROS-base/mros2

注21 https://micro.ros.org

注22 https://roscon.ros.org/2019/talks/roscon2019_irobot_usecase.pdf

注23 https://github.com/irobot-ros/ros2-performance

はじめに

　掃除ロボット以外の家庭用ロボットにもROSが組み込まれるケースが増えてきました。愛玩ロボットであるSonyのaiboはROS 1が全面的に採用されている[注24]ことで有名です。GROOVE XのLOVOTもSLAMソフトウェアのみ隔離領域でROS 1が動作していると知られています[注25]。さらに、2023年に発売されたPreferred Roboticsの家具自動運搬ロボット、カチャカは開発者向けAPIを公開しており[注26]、ROS 2による操作に対応しています。ROS公式の教育用ロボットであるTurtlebot 4[注27]と遜色ないインタフェースを提供しています。

図3　カチャカAPIを使ったNav2ナビゲーションとRViz可視化 (https://roscon.jp/2023/presentations/003.pdf より転載)

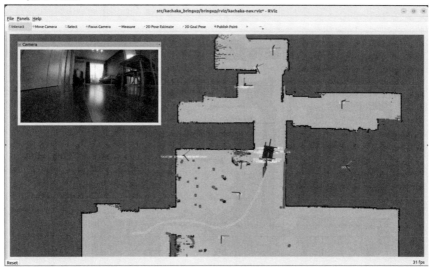

クラウドロボティクス

　組み込みと真逆の例もあります。近年、ROS 2の開発は主開発団体であるOpen Software Robotics Foundation（OSRF）[注28]だけではなく、新しくOpen Software

---

注24　https://roscon.ros.org/jp/2018/presentations/ROSCon_JP_2018_presentation_12b.pdf
注25　https://tech.groove-x.com/entry/noetic-on-jammy
注26　https://github.com/pf-robotics/kachaka-api
注27　https://clearpathrobotics.com/turtlebot-4/
注28　ROSに関連するソフトウェアを開発する非営利団体です。産官学で連携し、ROSの開発だけでなく普及にも積極的に取り組んでいます。https://www.openrobotics.org

xi

Robotics Alliance（OSRA）[注29] という企業連合を組織してインターネット企業、自動車企業、メーカーなどさまざまな企業が参画して開発を指揮しています。

Amazon は深く ROS と連携するため、AWS RoboMaker[注30] を発表し、AWS のクラウドインフラ上で ROS アプリケーションのシミュレーションを簡単に行う環境を提供開始しました。これにより、ROS アプリケーションをウェブブラウザだけで開発、テストできるようになります。また、実機へのデプロイ[注31] まで対応しています。既存のクラウド AI 機能との組み合わせも想定されており、すでに ROS の画像や音声メッセージを受信してクラウド上で物体認識や音声認識を行う ROS パッケージを提供しています。

近年では、ロボットのログデータ解析のためのプラットフォームも充実してきました。Foxglove Studio[注32] はオープンソースソフトウェアのログデータ解析プラットフォームです。今現在のロボットから送信されるセンサーデータだけでなく、保存しておいた過去のセンサーのさまざまな可視化、解析が可能となっています。Foxglove Studio はローカルでのスタンドアロンな実行だけでなく、クラウドを使ったウェブブラウザでの実行にも対応しており、ログデータのクラウド管理にも対応しています。

注29 OSRA については 1 章で詳しく取り上げます。https://osralliance.org/open-robotics-launches-the-open-source-robotics-alliance-2/

注30 https://aws.amazon.com/jp/robomaker/

注31 配置、展開するを意味します。ウェブ業界やロボット業界では実機（サーバやロボット）環境にソフトウェアを配置、展開することを表します。

注32 https://foxglove.dev

はじめに

図4　Foxglove Studioによる自動車センサーデータの可視化（https://docs.ros.org/en/jazzy/How-To-Guides/Visualizing-ROS-2-Data-With-Foxglove-Studio.html より転載）

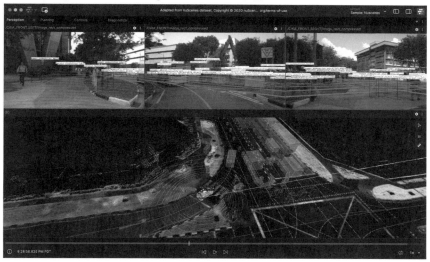

なぜ本書を書いたか

　著者は ROS Japan Users Group[注33] と呼ばれる ROS に関連する勉強会を運営するユーザグループの主宰と大きな国内開発者会議 ROSCon JP[注34] を運営する実行委員を長年務めてきました。2021 年にユーザグループの主宰を降りましたが、今も拡大を続け、参加者総数は 3,000 名を超えています。そのイベントでロボット技術、ビジネスに携わる多くの社会人や学生の方と触れ合う機会を得ることもできました。それらを通じてわかったことは、大多数の日本企業の ROS 1 に対する悲観的な姿勢です。ROS 1 は通信内容が暗号化されておらず、認証機能もありません。そのため、セキュリティ面で見たときに、非常に危険でした。たしかに ROS 1 を製品に組み込むには相応の努力が必要でしょう。

　ROS 2 はこの悲観的な姿勢を解消できるはずです。開発体制、セキュリティ、メ

注33　未参加の方はぜひご参加ください。2014年から始まり、毎年、年に何度もイベントを開催する活発な団体です。https://rosjp.connpass.com
注34　世界中のROS開発者が集まる開発者会議ROSConの日本版です。https://roscon.jp

ンテナンス性、ライセンス、商業サポートなどのさまざまな観点から抜本的な見直しが行われ、開発当初から製品への組み込みを目標にして再設計されています。つまり、日本企業のためにあるようなものですよね！ ROS に興味を抱いて本書を手に取ってくださった読者のみなさんが、上司を説得し、会社を説得し、ROS 2 を積極的に製品導入していく一役を担ってくれることを願ってやみません。日本企業はハードウェア開発に非常に強いけれども、ソフトウェア開発に一歩出遅れることが多くありました。そんな日本企業がロボット関連技術のオープンソースソフトウェアとしてデファクトスタンダードの地位を確立した ROS 2 をソフトウェア資産として存分に活かし、インパクトあるロボット製品、ロボットアプリケーションをいち早く市場に投入していく未来を筆者は夢見ています。

　日本は現在、課題先進国と呼ばれています。少子高齢化などの社会的要因により、ロボットの導入にも積極的です。すでに活用が進んでいる製造業以外にも、ロボットの活躍すべき場所はたくさんあるはずです。汚かったり、危なかったり、きつかったりする作業[注35] はロボットに任せて、人はより創造的な仕事に打ち込みましょう。そのきっかけとして、本書から少しでも何かを汲み取ってもらえれば幸いです。

≡ 本書の構成

● はじめに

本章です。ROS の概要を紹介します。

● 1章 ROSの歴史

ROS を知らない方に向けて、ROS 2 の前身である ROS 1 の歴史と ROS 2 への変遷を見ていきます。ROS 2 は内部アーキテクチャが ROS 1 とは大きく異なります。その理由も本章で明らかにしていきます。

● 2章 ROS 2の開発環境セットアップ

ROS 2 の開発環境をセットアップします。OS には一番セットアップが簡単な Ubuntu 24.04 を採用して進めますが、ROS 2 は Docker や Windows、一部 macOS にも対応しています。Ubuntu 以外へのインストール手順は付録をご覧ください。

注35　日本語では「汚い、危険、きつい」で3Kと呼ばれますが、同じ意味で英語では "dirty, dangerous, and demeaning" で3Dと呼ばれています。

はじめに

● **3章 ROS 2の基本機能**

ROS 2が備えるメッセージ通信機能であるトピック、サービス、アクション、パラメータを一通り紹介します。また、C++言語を使ったROS 2のプログラミング方法やコマンドラインインタフェース、ビルドツールについても解説します。

● **4章 ROS 2の応用機能**

ROS 1からROS 2への進化で新たに追加、改善された機能を紹介します。これらの概念を理解し使いこなせるようになれば、ROS 2を習得したといっても良いのではないでしょうか。特にコンポーネント指向プログラミングを習得すれば、ROS 2プログラマの中級者以上を名乗っても恥ずかしくありません。

● **5章 Pythonクライアントライブラリrclpy**

本書ではソースコード例のプログラミング言語にC++17を用いています。ROS 2の公式クライアントライブラリとして最も盛んにメンテナンスされているのが、C++版のクライアントライブラリrclcppだからです。それ以外のプログラミング言語の中から、本章ではスクリプト言語Python 3のクライアントライブラリrclpyを取り上げ、プログラミング方法を説明します。

● **6章 ROS 2に対応したツール／パッケージ**

ROS 2は正式リリースから6年以上が経過し、主要なROS 1パッケージはROS 2に移行を完了し、むしろ発展、拡大を遂げています。本章ではその中から特に有用なツールやパッケージを紹介します。

● **7章 ROS 2エコシステム**

ROSはその利便性、汎用性の高さからロボットソフトウェア以外の開発にも広がりを見せています。ROSの開発団体が開発主導するGazebo、Open-RMFだけでなく、第三者が開発する主要なソフトウェア群も紹介します。

● **8章 実践ROS 2ロボットプログラミング**

ROS 2プログラミングの実践編として、Intel RealSense、Preferred Robotics カチャカ、ROBOTIS OpenMANIPULATOR を使ったロボットアプリケーションの開発を行います。OpenCV、PCL、Nav2、MoveIt などの有名パッケージの実践的な使い方も学べます。

● **おわりに**

本書に込めた熱い気持ちを最後にまとめました。本書を手にとって最後まで読み進んでいただいた読者のみなさまと、本書を執筆するにあたってご協力いた

だいたさまざまな方々への感謝の言葉も綴っています。

● **付録**

本文で扱わなかった Ubuntu 24.04 以外の OS へのセットアップ手順として、Windows 11 と WSL 2 を使ったセットアップ手順と Docker を使ったセットアップ手順を扱います。サンプルコードのライセンス条項も記載します。

本書の読者

ロボット開発、ビジネスに携わる人すべてに読んでいただきたいというのが著者の本心ではありますが、本書のような技術書を読むときによくある理由をいくつか挙げて、読者がそれぞれの目標を達成するために一番おすすめの読み方を紹介します。

新しい物好き

新しい技術や製品が出ると飛びつきたくて仕方ない人種というのは、世の中に存在するものです。かく言う私もその一人です。ROS 2 の開発体制は盤石です。OSRA には Intrinsic（Google の親会社である Alphabet 傘下）、NVIDIA、Qualcomm などに代表されるような大企業が出資し、専任の開発人員も割り当てているくらいです。今から ROS 2 を学んで自分のものにしておけば、仕事に趣味に役立つこと間違いなし。ついでに自分だけの ROS 2 対応ロボットも開発してみましょう。こういう方にはぜひ付録も余すことなく本書を隅々まで読み込んでもらいたいです。

ロボット新規事業の検討とサーベイ

企業がロボットに関連する新規事業を検討していて、その下調べをしているのであれば、ROS 1 のこれまでの経緯と ROS 2 のこれからの展望を理解しておくことは非常に重要です。今ではロボットアプリケーションを ROS 2 に対応させないということが、それだけで商機を損なう事態になりかねません。時間に追われるビジネスマンであれば、1 章の ROS の歴史と 6 章、7 章の ROS 2 の応用事例だけでも一読すれば、ROS 2 の全体像を素早く把握することができます。ROS 2 があればどのようなことができるのか、開発しなければならないものと開発しなくてよいものが何かをあらかじめ知っている上司は部下からも好まれるはずです。

xvi

ROS 1 パッケージの ROS 2 移行

　ROS 1 の正式サポートは 2025 年に終了します。読者のみなさんの中には、すでに ROS 1 を使ってロボットアプリケーションを開発している方もいるでしょう。そのような方々の中には ROS 2 が普及してきたら、現状の ROS 1 パッケージを ROS 2 に移行したいと思っている方もいるはずです。いつ始めたらいいか。それは今です。どう始めたらいいかを判断するため、ROS 2 パッケージ開発に必要な情報が記述されている 3 章、4 章、5 章をまず読んでください。その次に 6 章を読んで現在使っている依存パッケージの ROS 2 対応状況を把握して、ROS 2 移行に挑戦してください。

オープンソースソフトウェア貢献

　すでに ROS 1 パッケージを ROS 2 対応させる移行作業は完了しており、むしろ ROS 1 の時代にはなかったパッケージやエコシステムも拡大してきています。この拡大作業に読者のみなさまも積極的に取り組んでみませんか？ ROS の有用性はすでに証明されています。そのため、ユーザ数は拡大の一途をたどっています。既存 ROS 2 パッケージに機能改善、機能追加したり、通信ミドルウェアに新しいソフトウェアを導入したり、まったく新しいユースケースに対応させたりする作業はまだまだたくさんあります。ROS 2 は ROS 1 と同じく、オープンソースソフトウェア（OSS）です。OSS は使うだけでなく、そのソフトウェアの品質向上に貢献することも重要であり、その貢献を通じて得た経験と成果は就職、転職活動にも大いに役立つはずです。

前提知識

エンジニア、研究者、教育関係者向け

　本書のサンプルコードは C++ と一部 Python を用いて書かれています。本書を余すことなく理解していただくには、プログラミング言語 C++ の知識が必要です。特に ROS 2 の C++ ソースコードを読むには、モダン C++ とも呼ばれる C++11 以降[注36] の記法をある程度体得しておくことが望ましいです。

注36 ROS 2 の C++ ソースコードには 2011 年に標準規格化された C++11、2014 年に標準規格化された C++14、2017 年に標準規格化された C++17 の一部が用いられています。最低限、あらかじめ C++11 の記法を体得しておくことをおすすめします。https://cpprefjp.github.io/lang/cpp11.html

はじめに

ただ、サンプルコードのコメントや本文中で、特殊な記法を使っているソースコードの初出部分には説明を加えるように心がけています。まずは肩肘張らずに読み進めてみて、わからない箇所に出会えば、その場で調べて対処するのでもかまいません。

ビジネス開発者向け

本書はサンプルコードを読み飛ばすのであれば、プログラミング言語に関する前提知識は必要ありません。また、専門用語、技術用語に関しては、可能な限り脚注を挿入するようにしています。気軽に読み進めてください。

オンラインリソース

本書で紹介しているソースコード例やデモアプリケーションは、GitHub 上にアップロードされています。Apache License 2.0 [注37] のもと、ご自由にお使いください。セットアップ方法やビルド方法は 2 章で説明します。

https://github.com/youtalk/get-started-ros2

トップページの eratta.md に本書の正誤表も記載します。読者のみなさんからの問題報告などありましたら、GitHub Issues へご投稿ください。

https://github.com/youtalk/get-started-ros2/issues

なお、著者のホームページでは本書で取り上げきれなかった ROS 1、ROS 2 に関する小さな話題も扱っています。本書を通じて ROS にご興味を抱かれた方は、ぜひご覧ください。

https://www.youtalk.jp

ROS 2 公式オンラインリソース

ROS 2 公式の情報は、英語のみですが下記 Web ページにインストール手順や

注37 ROS 2 のパッケージにも Apache License 2.0 が採用されているため、それに合わせました。

チュートリアルがまとめられています。

https://docs.ros.org/en/jazzy/

　ROS 2 に関するまとまった資料は、まだまだ少ないのが現状です。本書の通読を機に、読者のみなさまもオンラインリソースの充実にご助力お願いします。

目次

第2版に寄せて iii
はじめに v
ROSとは何か v
ROS 2で何ができるか vii
なぜ本書を書いたか xiii
本書の構成 xiv
本書の読者 xvi
前提知識 xvii
オンラインリソース xviii

第1章 ROSの歴史 1
1-1 ROSの起源 1
1-2 OSRFからOSRAへ 3
1-3 ROS 2の誕生 4
1-4 ROS 1とROS 2の違い 5
1-4-1 ロボットの同時利用数 5
1-4-2 計算資源 5
1-4-3 リアルタイム制御 6
1-4-4 ネットワーク品質 7
1-4-5 プログラミング形式 7
1-4-6 アプリケーション 8

目次

1-5　内部アーキテクチャの変化 … 8

1-5-1　ROS 1の内部アーキテクチャ … 9
1-5-2　ROS 2の内部アーキテクチャ … 10
1-5-3　rcl：クライアントライブラリAPI … 11
1-5-4　rmw：通信ミドルウェアAPI … 11

1-6　Data Distribution Service (DDS) … 12

1-6-1　なぜDDSになったか？ … 12
1-6-2　DDSとは何か？ … 13
1-6-3　ベンダーとライセンス … 14
1-6-4　DDSのインタフェース記述言語 … 15
1-6-5　DDSの通信プロトコルRTPS
（Real-Time Publish-Subscribe） … 15

1-7　DDS以外の通信プロトコルの選択肢Zenoh … 17

1-8　ROS 1からROS 2への移行状況 … 19

第 **2** 章

開発環境セットアップ … 21

2-1　Ubuntu 24.04のインストール … 21

2-1-1　その他のOSへのインストール … 22

2-2　ROS 2のインストール … 22

2-2-1　ROS 2ディストリビューションの選択 … 22
2-2-2　ロケールのセットアップ … 24
2-2-3　Ubuntu Universeリポジトリの有効化 … 24
2-2-4　APTソースリストの設定 … 25
2-2-5　ROS 2パッケージのインストール … 25
2-2-6　環境設定 … 26

xxi

目次

2-2-7 　動作確認 27

2-3　サンプルコードのセットアップ 28

第**3**章
ROS 2の基本機能 29

3-1　基本機能で学ぶこと 29

3-2　ROS 2フロントエンドツールros2 29

3-2-1 　ros2の使い方 29

3-2-2 　ros2サブコマンドの実行例 30

3-2-3 　ノード発見デーモン 31

3-3　ROS 2パッケージビルドツールcolcon 32

3-3-1 　colconの使い方 32

3-3-2 　colconオプション機能の便利ショートカット集
colcon mixin 33

3-3-3 　その他のROS 2公式ツール 34

3-4　トピック 35

3-4-1 　プロセス間通信 41

3-4-2 　プロセス内通信 42

3-4-3 　コンピュータ間通信 44

3-5　サービス 46

3-5-1 　サーバ実装 47

3-5-2 　同期／非同期クライアント実装 50

3-6　アクション 52

3-6-1 　アクションの定義ファイルと名前空間 53

3-6-2 　フィボナッチ数列のアクション実装 55

3-7　パラメータ 62

xxii

3-7-1	パラメータ取得・設定メソッド	63
3-7-2	パラメータ設定イベントのコールバック	64
3-7-3	generate_prameter_library を使った パラメータ宣言、取得、検証	67

第4章
ROS 2の応用機能 69

4-1 応用機能で学ぶこと 69

4-2 コンポーネント指向プログラミング 69
4-2-1 コンポーネント対応版 talker の実装 70
4-2-2 コンポーネント対応版 listener の実装 72
4-2-3 package.xml と CMakeLists.txt の更新 73
4-2-4 コンポーネントの動的読み込み 74
4-2-5 コンポーネントの解放 75

4-3 Launchシステム 75
4-3-1 talker / listener ノードの launch ファイル 76
4-3-2 パラメータを使う launch ファイル 78
4-3-3 パラメータファイルを使う launch ファイル 80
4-3-4 XML 形式の launch ファイル 82

4-4 ライフサイクル 83
4-4-1 ライフサイクルの状態遷移 83
4-4-2 主要状態 84
4-4-3 中間状態 85
4-4-4 ライフサイクル対応 talker 実装 86
4-4-5 ライフサイクル対応 listener 実装 87
4-4-6 外部ノードからのライフサイクル制御 89
4-4-7 動作確認 90

4-5 Quality of Service (QoS) 92
4-5-1 QoS ポリシー 92
4-5-2 QoS プロファイル 93
4-5-3 QoS 互換性 94
4-5-4 通常環境下でのトピック送受信例 96
4-5-5 パケットロス環境下でのトピック送受信例 99
4-6 RMW 実装の変更 100
4-6-1 RTI製 Connextのインストール 101
4-6-2 ノード実行時のDDSベンダー実装の変更 102
4-7 セキュリティ 103
4-7-1 ノードの認証 104
4-7-2 アクセス制御 106
4-7-3 コンピュータ間のアクセス制御 109

第5章
Pythonクライアントライブラリrclpy · 111

5-1 ROS 2のクライアントライブラリ 111
5-1-1 C++以外のクライアントライブラリ 112
5-2 パッケージ構成 113
5-2-1 setup.pyの書き方 113
5-2-2 メッセージ、サービス、アクション定義ファイルの
格納場所 115
5-3 トピック実装 116
5-3-1 コンポーネント実行 118
5-4 サービス実装 119
5-5 アクション実装 121

目次

第6章
ROS 2に対応したツール／パッケージ 126

6-1　ROS 2への移行完了 126

6-2　データ記録・再生ツールrosbag2 126
6-2-1　トピック、サービスの記録 128
6-2-2　bagファイルの再生 129

6-3　データ可視化ツールRViz2 129

6-4　ナビゲーションパッケージNav2 132

6-5　動作計画パッケージMoveIt 134

6-6　ロボット制御パッケージros2_control 136
6-6-1　ROBOTIS DYNAMIXELサーボモータの ros2_control対応 137

第7章
ROS 2エコシステム 140

7-1　広がるROS 2のエコシステム 140

7-2　ロボットシミュレータGazebo 140

7-3　フリート管理ソフトウェアOpen-RMF 143

7-4　ROS 2 Webアプリケーション作成のための Robot Web Tools 145
7-4-1　WebSocketブリッジサーバrosbridge_suite 146
7-4-2　JavaScriptクライアントライブラリroslibjs 146
7-4-3　ブラウザ可視化ツールROSBoard 148

7-5　組み込み向けROS 2実装mROS 2 149

xxv

目次

7-6　自動運転ソフトウェア Autoware ················ 151

7-7　GPUアクセラレーション NVIDIA Isaac ROS ······· 153

7-7-1　DNN Inference Nodes ·················· 154

7-7-2　Isaac ROS Visual SLAM ·················· 155

7-7-3　Isaac ROS Nvblox ·················· 155

第8章
実践ROS 2ロボットプログラミング ····· 156

**8-1　センサーとロボットを使った
ROS 2プログラミング** ·················· 156

**8-2　Intel RealSense D455を使った
OpenCV/PCLプログラミング** ·················· 156

8-2-1　Intel RealSense D455のセットアップ ·················· 156

8-2-2　OpenCVとcv_bridgeを使った顔画像検出 ············· 159

8-2-3　PCLとpcl_conversionsを使った点群サンプリング··· 164

**8-3　Preferred Robotics カチャカを使った
Nav2ナビゲーション** ·················· 170

8-3-1　カチャカROS 2ブリッジ ·················· 170

8-3-2　kachaka_grpc_ros2_bridgeの起動 ·················· 171

8-3-3　カチャカを使ったNav2ナビゲーション ·················· 172

**8-4　ROBOTIS OpenMANIPULATOR-Xを使った
MoveItマニピュレーション** ·················· 174

8-4-1　MoveItセットアップアシスタントによる
MoveIt構成ファイルの自動生成 ·················· 174

8-4-2　MoveItマニピュレーションの実行 ·················· 181

xxvi

おわりに 185

事前アンケート 186

本を書くということ 188

謝辞 189

第1版読者のみなさんへ 190

第1版編集協力者へ 191

第2版編集協力者へ 192

家族へ 193

付録

A-1 Windows 11とWSL 2での
開発環境セットアップ 194

A-2 Dockerコンテナでの開発環境セットアップ 195

A-2-1 Dockerのインストール 196

A-2-2 ROS 2イメージのダウンロード 197

A-2-3 動作確認 197

A-2-4 rockerを使ったGUIサポート 198

A-3 サンプルコードのライセンス条項 199

A-3-1 3章のサンプルコードのライセンス条項 199

A-3-2 4章のサンプルコードのライセンス条項 200

A-3-3 5章のサンプルコードのライセンス条項 200

索引 202

第1章　ROSの歴史

1-1　ROSの起源

　ROS 2を学ぶ前にROS 1を知らない、あるいは触ったことのない人向けに、ROS 1の歴史を振り返っておきましょう。ROS 1のことをある程度理解したうえでROS 2を学ぶと、より包括的にROSのことを知ることができるはずです。

　ロボットソフトウェア、アプリケーションを開発することは、膨大な時間と多大な労苦を要します。ROSはこの問題を解決する手段として、ロボットソフトウェアの共同開発を世界規模で推進することを目指しています。スタンフォード人工知能研究所の学生が開発したSwitchyardプロジェクトを起源にもち、それを引き継いだアメリカのWillow Garageが2007年から本格的に開発を開始し、2010年1月22日に最初のリリース版であるROS 1.0が公開されました。その後、非営利団体OSRF（Open Source Robotics Foundation）が設立され、ROSの開発を主導する役割が引き継がれました。オープンソースソフトウェアとして開発、公開されており、世界中から多くの人々が開発に参加しています。

　ROSでは、ディストリビューションと呼ばれるバージョン名をつけたROSパッケージのセットが年1回から2回公開されてきました。最初の公式ディストリビューションは2010年3月2日に公開されたBox Turtleです。Linuxディストリビューションの一つであるUbuntuのコードネーム[注1]と同じように、アルファベット順に名付けられています。ディストリビューション名には、「亀の上に乗った象が地球を支えている」とする古代の宇宙観[注2]にちなんで、亀の名前を冠することが習

注1　https://www.ubuntulinux.jp/ubuntu
注2　https://ja.wikipedia.org/wiki/地球平面説

第1章 ROSの歴史

わしになっています。turtlesimというチュートリアルのプログラム内で動く亀の画像もディストリビューションごとに置き換わる凝りようです。

表1-1 ROS 1ディストリビューション

ディストリビューション	turtlesim	公開日	公開終了日
Box Turtle		2010年3月2日	
C (Sea) Turtle		2010年8月2日	
Diamondback		2011年3月2日	
Electric Emys		2011年8月30日	
Fuerte Turtle		2012年4月23日	
Groovy Galapagos		2012年12月31日	2014年7月
Hydro Medusa		2013年9月4日	2015年5月
Indigo Igloo		2014年7月22日	2019年4月
Jade Turtle		2015年5月23日	2017年5月
Kinetic Kame		2016年5月23日	2021年5月
Lunar Loggerhead		2017年5月23日	2019年5月
Melodic Morenia		2018年5月23日	2023年5月
Noetic Ninjemys		2020年5月23日	2025年5月

最後のディストリビューション Noetic Ninjemys は、2020 年 5 月にリリースされ、2025 年 5 月に公開終了を予定しています。つまり、2024 年 6 月現在、ROS 1 はあと 1 年しか公式サポートされないことになっています。

もし公式サポート終了後もどうしても ROS 1 を使いたいユーザは、ROS 1 をフォークして継続メンテナンスしていくコミュニティ ros-o を調べてみてください[注3]。

https://github.com/ros-o/ros-o

1-2 OSRFからOSRAへ

2024 年 3 月、OSRF は OSRA（Open Source Robotics Alliance）という新しい業界団体を組織しました。OSRA のメンバーに参画する企業はメンバーシップレベルに基づいて、OSRF で管理している複数プロジェクトを主導する Technical Governance Committee に所属する権利を取得できます。OSRF は OSRA に連なる形で継続して存在しています。

OSRA のメンバーシップレベルは以下のように分類され、レベル別に異なる年間の参加費用を拠出して運営されています[注4]。

・プラチナ
・ゴールド
・シルバー
・提携団体
・支援団体
・個人

2024 年 6 月現在、OSRA にはプラチナメンバーである Intrinsic、NVIDIA、Qualcomm を始めとして、数多くの企業、業界団体が参画しています。これまで ROS を代表とする複数プロジェクトは、OSRF への寄付金などを原資に運営されてきました。OSRA の創設を機に、ガバナンス面や財務面でより安定した運営体制の

注3 ros-o の o は数字の 1 を表す one や廃止予定を表す obsolete の頭文字をとったものです。

注4 https://osralliance.org/membership/

第1章 ROSの歴史

構築が期待されます。

1-3 ROS 2の誕生

ROS 2が生まれたのは、ROS 1が多くの開発者に利用されるにしたがって、ROS 1が生まれた2007年の開発最初期には想定していなかったようなユースケースが発生し、これに対応する必要が出てきたためです。

15年以上前にROS 1を設計していたときには、想定していなかった分野でも利用されるくらい、ROS 1は普及しました。ROS 1の初期設計時のコンセプトは、基本的に研究用のロボットアプリケーションのラピッドプロトタイピング用ツールを目指したものでした。PR2[注5]という全方向に移動できる双腕パーソナルロボットのソフトウェア研究開発の高速化と汎用化の実現のために始まり、高性能な計算機と安定したネットワークを前提に設計されました。

しかし、今ではROS-Industrialのような団体が発足し、産業用途の製品化において使われ始めており、その用途は拡大する一方です。ROS 1の特徴と産業界のような新しいユーザが望む理想のROSを見比べてみましょう[注6]。

表1-2 ROS 1の特徴と理想のROS

	ROS 1の特徴	理想のROS
ロボットの同時利用数	単体ロボットのみ対応	複数台ロボットにも対応
計算資源	高性能計算機のみ対応	組み込みプラットフォームにも対応
リアルタイム制御	特別な作法に則る必要あり	一般的なプロセス内・プロセス間通信
ネットワーク品質	高品質のみ対応	欠損や遅延も許容
プログラミング形式	最大限にユーザの自由	柔軟性を残しながらも形式を固定
アプリケーション	研究、学術用途のみ対応	製品化にも対応

理想のROSとは、つまりROS 2のことです。ROS 2はこの理想のROSを実現するために誕生したわけです。2014年にROS 2の開発開始が宣言されました。ROS 2はROS 1で得られた経験をもとにメッセージ通信基盤などを完全に別物に置き換えたため、残念ながらROS 1と直接的には互換性がありません。ROS 1からROS 2に連続的に進化する道も選択できたはずですが、そうするとこれまでに商用利用されている

注5 http://www.willowgarage.com/pages/pr2/overview
注6 http://design.ros2.org/articles/why_ros2.htmlに基づきます。

4

ROS 1 の資産を失うことにもつながりかねず、ROS 1 は ROS 1 として残す選択をすることになりました。一見、ROS 2 と ROS 1 は非常に似ていますが、内部はまったく異なるアーキテクチャを採用しています。

1-4　ROS 1 と ROS 2 の違い

ROS 2 の特徴や ROS 1 との違いを知るために、**表1-2** のそれぞれの項目を ROS 1 と ROS 2 で対比しながら見ていきましょう。

1-4-1　ロボットの同時利用数

研究室とは違って、工場のような環境では当たり前のように複数台のロボットが連携して製品を製造しています。これらのロボットをそれぞれ独立して動作させているようでは、製造ラインの高速化、最適配置は非常に難しくなります。センサーデータの共有やロボットの現在状態の共有があって初めて、真にロボット同士が連携できます。ROS 1 でも名前空間を分割することにより、複数台のロボットを同時に ROS ネットワークに接続することはできます。しかし、メッセージ通信の仲介役を担う ROS マスターは単一でしか存在できません。単一障害点[注7] である ROS マスターがもしも不具合を起こしてしまうと、その影響は ROS ネットワーク全体に伝播し、すべてのノード（ロボット）が動作不能になってしまう欠点がありました。

しかし、ROS 2 ではこの ROS マスターという仲介役が必要なくなりました。そのため、単一障害点は存在せず、複数台のロボットが ROS ネットワークの障害で一度に不具合を起こすことはありません。また、ノードの実行状態を別ノードから制御できる機能[注8] が加わったため、障害からの復帰も ROS 1 に比べて容易になりました。

1-4-2　計算資源

ROS 1 は核となる構成要素の実装に C++ 言語を用いています。また、ROS 1 独自のメッセージ通信の方式に XML-RPC を扱う必要があるので、非力な計算資源での動作は困難でした。そのため、C 言語のプログラムの実行環境しか持たないマイコ

注7　その単一箇所が働かないと、システム全体が障害となるような箇所を指します。
注8　ライフサイクルと呼びます。次章で取り扱います。

第 1 章　ROS の歴史

ンのような組み込みプラットフォームでは動作させることが非常に困難でした。

　一方、ROS 2 は核となる構成要素を C 言語で実装しています。さらに、メッセージ通信はプラグインで実装されており、軽量化を念頭に置いて部分的な機能のみを提供する枠組みになっています。機能が限定されたメッセージ通信ライブラリのみを使えば、組み込みプラットフォームでも動作させることができます。例えば、外界センサー[注9] の出力のみを扱うマイコンを ROS 2 のネットワークに参加させる、といった使い方が現実的になったのです。これまでは、そういった使い方をするには、Arduino のシリアル通信を使ってホスト PC と介したり、PC 感覚で使える Raspberry Pi などを使う必要がありました。

1-4-3　リアルタイム制御

　ROS 1 は基本的にリアルタイム性を考慮していません。メッセージ通信は TCP の使用が基本であり、その時点で、いつ通信が完了するのか決定論的ではないからです。どうしても ROS 1 でリアルタイム制御を行いたい場合には、ros_control[注10] という特別なプログラミングインタフェースに対応させる必要がありました。ROS 1 のメッセージ通信の制御ループ[注11] とリアルタイム制御のための制御ループを分離する必要があるためです。

　ROS 1 の TCP 通信に対して、ROS 2 は UDP 通信をベースとしたプロトコルを採用しているため、送信を完全にリアルタイム周期で行うこともできます。その代わり、受信が確実に行われる約束はありませんが、その可能性も配慮したプロトコルになっているわけです。また、複数ノードが同じプロセス上で動作するプロセス内通信の枠組みも、ROS 1 では nodelet[注12] という特殊なプログラミングインタフェースに対応させる必要がありましたが、ROS 2 ではその仕組みが標準化されています。さらに ROS 2 では、プロセス間通信、プロセス内通信の切り替えもソースコードの変更が必要なく、ノードの実行時に変更できます。

注9　視覚センサー（カメラなど）、聴覚センサー（マイクなど）などのロボットの周囲の状態を検出するセンサーを外界センサーと呼びます。一方、加速度センサーやジャイロセンサーなどのロボットの内部状態を検出するセンサーは内界センサーと呼ばれます。

注10　http://wiki.ros.org/ros_control

注11　ここでは、外部から入力を受け取り、何らかの処理をした後、外部へ出力を返す、という制御を繰り返す（ループする）プログラム部分という意味で用いました。リアルタイムの制御ループは決められた一定時間内に必ず 1 回分のループを回す必要があります。

注12　http://wiki.ros.org/nodelet

6

1-4-4　ネットワーク品質

　繰り返しになりますが、ROS 1 は確実に受信先が受け取るまで送信元が再送信を続ける TCP 通信をベースとしているのに対して、ROS 2 はこういった再送信機能を持たない UDP 通信をベースとしています。UDP には受信者全員への送信を行うマルチキャストが備わっているため、1 対多の通信を行う Publisher/Subscriber 通信にも高い親和性を持ちます。さらに、ROS 2 は QoS（Quality of Service）も備えます。これは送信データが必ず受信者に届くことを保障したり、逆にデータが欠損することを許したりする機能です。例えば、ROS 1 では画像やポイントクラウドなどのストリーミングデータのようなデータ量が多いトピックを送信する際に、通信環境の悪い Wi-Fi などが原因でネットワーク品質が悪くなると、その影響で通信が詰まってしまい、送信側ノードも受信側ノードも動かなくなる問題がありました。ROS 2 では QoS の機能でデータ受信の欠損を許容すれば、こういった通信の詰まりを回避できます。

　UDP の特徴と QoS の機能を組み合わせれば非常に頑健なネットワークを構築できそうです。ただし、そういったネットワークアーキテクチャの設計は骨の折れる作業であることは想像に難しくありません。そこで、ROS 2 ではそのプロトコル設計を DDS（Data Distribution Service）にまかせました。DDS はすでに世界に広く普及した分散システム向けの Publisher/Subscriber 通信ミドルウェアの仕様です。DDS は ROS 2 を支える根幹となる要素です。詳しくは 1-6 節で取り上げます。

1-4-5　プログラミング形式

　ROS 1 のプログラミング形式は良くも悪くもかなり自由です。最大限に柔軟性があり、ユーザに何のプログラミング形式も強制しません。そのおかげで、自分でプログラムの制御ループを設計して、自分で好きなように ROS ノードの実行手段、手順を設計できました。

　ROS 2 ではその最大限の自由さに少し制限が加えられました。ユーザはメインループを記述せず、各プログラミング言語用の ROS 2 クライアントライブラリが提供する手順にしたがってプログラミングすることを求めます。その代わり、ROS 1 にはなかったノードの現在状態を知るライフサイクルの機能を容易に利用できるため、複数ノードの起動順序などを正確に記述できるようになりました。

第 1 章　ROS の歴史

1-4-6　アプリケーション

　ROS 1 はその成り立ちが示すように、研究や学術用途での利用を想定して開発されたソフトウェアです。最新の研究成果をすぐにロボットに適用してプロトタイピングをすることが第一目的です。ROS 1 のおかげで、最新の論文に載っているようなアルゴリズムでも ROS パッケージとして提供されていれば、初心者ユーザでも共通の手順でビルド、インストールして、再利用できるようになりました。これにより、類似したアルゴリズム同士のベンチマークも手軽にできるようになり、ロボット研究者コミュニティでは、自分の提案する最新技術を ROS パッケージとして公開することが一種のステータスとなりました。

　ROS 2 ではそのプロトタイピングの成果をアプリケーションとして実世界で製品化することも想定しています。そのため、主開発団体である Open Source Robotics Foundation だけが ROS 2 の開発を指揮するのではなく、多数の企業を巻き込んで技術的な方向性を検討するために、2018 年に「ROS 2 Technical Steering Committee」という委員会が組織されました[注13]。また、ROS システムの根幹をなす Publisher/Subscriber 通信に関しても、独自に開発した TCPROS ではなく、すでに仕様と実装がともに成熟している DDS/RTPS（Real-TIme Publish-Subscribe）を採用することで、信頼性を向上させています。

1-5　内部アーキテクチャの変化

　次に ROS 1 から ROS 2 への移行において、内部のアーキテクチャがどのように変化したのかを比較してみましょう。二つのアーキテクチャを可能な限り単純化した構成図を**図 1-1** と**図 1-2** に示します。

注13 https://discourse.ros.org/t/introducing-the-ros-2-technical-steering-committee/6132

1-5-1　ROS 1の内部アーキテクチャ

図1-1　ROS 1のアーキテクチャ

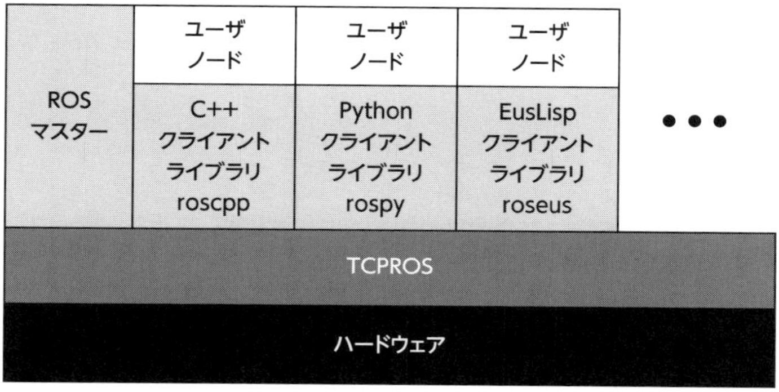

ROS マスター	ユーザ ノード	ユーザ ノード	ユーザ ノード	・・・
	C++ クライアント ライブラリ roscpp	Python クライアント ライブラリ rospy	EusLisp クライアント ライブラリ roseus	
TCPROS				
ハードウェア				

ROS 1では、どんな ROS 1 アプリケーションにも ROS マスターが必要です。ROS 1 アプリケーションを起動するときに roscore を必ず最初に起動しなければいけません。roslaunch という起動スクリプトを使っていると気づかないかもしれませんが、roscore は起動していなければ自動的に起動します。ROS マスターはこの roscore の一部として起動されます。

そして、各プログラミング言語用に実装されたクライアントライブラリを経由して、各 ROS 1 ノードが実行されます。これらの ROS 1 ノード同士は一度 ROS マスターを介してから、TCPROS という ROS 1 独自の通信プロトコルにしたがって接続され、メッセージ通信が行われます。TCPROS は厳格に仕様を記述した文書が残念ながら存在せず、ROS Wiki に簡単にまとめられているだけです[注14][注15]が、実際に自分で実装する際は、C++ 言語のクライアントライブラリ roscpp や Python 言語のクライアントライブラリ rospy の実装を読み解いて理解する必要があります。

ROS 1 のクライアントライブラリとしては、C++、Python、EusLisp 言語用のものが標準パッケージとして提供されていますが、これらはすべて別個にスクラッチで実装されたもので、各クライアントライブラリ間は完全に分離されています。ユーザが開発した別プログラミング言語のクライアントライブラリも多数あります

注14　http://wiki.ros.org/ROS/Technical%20Overview
注15　http://wiki.ros.org/ROS/TCPROS

が、これらもスクラッチで開発されたものであり、その品質は使ってみないとわかりません。

1-5-2　ROS 2の内部アーキテクチャ

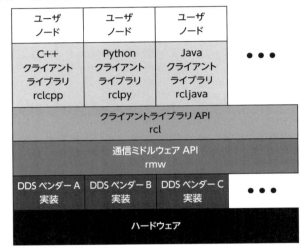

図1-2　ROS 2のアーキテクチャ

ROS 1が抱えている課題には、以下があります。

・厳格な仕様のない独自通信プロトコル
・クライアントライブラリのスクラッチ実装

これらを改善するために、ROS 2では内部アーキテクチャを刷新しました。通信とクライアントライブラリにAPIを定義し、それを再利用性の非常に高いC言語で実装することで、その解決の糸口としたのです。そのAPI実装がrmwとrclです。C言語はABI（Application Binary Interface）が確立しており、多くのプログラミング言語がC言語で記述されたライブラリを直接参照できます。これにより、各通信プロトコル、各プログラミング言語に共通する部分をrmwとrclで実装すれば、再実装の多くの手間を省くことができます。図1-2のDDSベンダー実装とはrmwの

APIを実装したライブラリを表します。

1-5-3　rcl：クライアントライブラリAPI

　rcl は ROS 2 の基盤ソフトウェアを実装するうえで、各プログラミング言語用ク
ライアントライブラリに共通する機能を提供する API です。rmw より上位に存在し、
通信機能自体を意識する必要がありません。名前空間の解決やロギング、時刻管理、
同期・非同期サービスなどが実装されています。また、C 言語で実装されているた
め、多くのプログラミング言語から呼び出すことが簡単であり、ROS 1 に比べて新
しいプログラミング言語用のクライアントライブラリを容易に実装できます。

　実際のクライアントライブラリである C++ 言語用 rclcpp や Python 言語用
rclpy では、スレッド処理やプロセス内通信、型変換などが実装されています。

1-5-4　rmw：通信ミドルウェアAPI

　rmw は ROS 2 の基盤ソフトウェアと通信機能を分離するために設計された通信機
能を抽象化するミドルウェア API です。通信ミドルウェアの一つで産業界で広く普
及する DDS に基づき、QoS を考慮した Publisher/Subscriber 通信、リクエスト・
レスポンス通信といった重要な API を提供しています。DDS は基本的に ROS 1 の
メッセージ通信と似通った通信ミドルウェアであるため、ROS 2 では DDS に基づ
いた実装が提供されていますが、rmw 相当の機能が提供できれば、DDS に限らず他
の通信ミドルウェア、プロトコルにしたがった実装に切り替えることができます。

　次章でより詳しく取り上げますが、rmw の実装自体はプラグインのように、コンパ
イル時ではなく実行時に変更できます。これにより、開発時はオープンソースソフ
トウェアを利用して初期費用を抑えつつ、製品出荷時はカスタマーサポートのしっ
かりした商業ソフトウェアの利用に切り替えるといったことが可能です。また、rmw
が提供してほしい機能をすべて含む通信ミドルウェア実装以外に、マイコンのよう
に計算資源が限られる環境でも動作する機能が限定された通信ミドルウェア実装を
使うこともできます。

第 1 章　ROS の歴史

1-6　Data Distribution Service (DDS)

　本節の解説は、ROS 2 の実装にあたって記述された設計文書[注16]を筆者が翻訳したものを代用します（翻訳、注釈の追加は筆者によるものです）。重要な文書であり、筆者の言葉で解説するよりも設計者本人の言葉で伝えるのが望ましいと考えたためです。

1-6-1　なぜDDSになったか?

　ROS 2 の通信機能を考えているとき、まず選択肢に挙がったのは、以下に示すミドルウェアを使ったデータ転送の改善でした。

・ZeroMQ[注17]
・Protocol Buffers
・zeroconf[注18]

　しかし、最終的に選んだのはエンドツーエンドの通信ミドルウェアである DDS でした。DDS のようなエンドツーエンドの通信ミドルウェアの利点は、ROS 2 がメンテナンスするコードを減らせること、厳格な仕様が文書化されていることです。DDS はシステムレベルのドキュメントが整備されており、サードパーティによるレビューと監査が行われ、高い互換性を持って再実装できます。これは ROS 1 では実現できなかったことです。

　エンドツーエンドの通信ミドルウェアを使う欠点は、その設計に ROS 2 が大きく影響を受けてしまう可能性があることです。もし、その設計が ROS のユースケースに合致しなかったり、不便だったりすれば、結局のところ設計からやり直しが必要です。エンドツーエンドの通信ミドルウェアを採用するということは、その設計哲学や文化もある程度採用したことになり、気軽に選んでいいものではありません。

注16　筆者：William Woodall、タイトル：ROS on DDS、ライセンス：Creative Commons Attribution 3.0
　　　　http://design.ros2.org/articles/ros_on_dds.html

注17　http://zeromq.org

注18　http://zeroconf.org

1-6 Data Distribution Service（DDS）

1-6-2 DDSとは何か?

DDS は ROS 1 の Publisher/Subscriber 通信とよく似たデータ転送を提供します。オブジェクト指向の標準化団体 OMG（Object Management Group）[19]によって策定されたインタフェース記述言語（IDL: Interface Description Language）を使って、メッセージを定義し、シリアライズします。DDS は ROS サービスと同じリクエスト・レスポンス形式のデータ転送も行うことができます。

DDS の Publisher/Subscriber 通信に必要となる送信元、受信先の発見メカニズムは、分散化されています。つまり、ROS マスターのようなツールは必要ありません。これにより、システムにおける単一障害点がなくなり、自由度が高くなります。このような動的な発見メカニズムの代わりに、静的な発見メカニズムを提供する DDS ベンダーも複数あります。

DDS は以下に示すような現場で、すでに必要不可欠な技術となっています。これらの成功は DDS の設計の信頼性と自由度を証明してくれています。

・戦艦
・ダムのような大規模施設
・金融システム
・宇宙、航空システム
・電車の線路切り替え機

DDS の通信プロトコルの仕様である DDSI-RTPS[20]は非常に自由度が高く、組込み機器のリアルタイムアプリケーションにも統合することができます。DDS は UDP を使うため、信頼性のある転送や通信ハードウェアを必要としません。DDS 自身が信頼性ある通信プロトコルという車輪（TCP にいくつか機能を追加、削除したもの）を再発明したことで、DDS はポータビリティと通信制御性を獲得しました。

QoS（Quality of Service）と呼ぶいくつかのパラメータ（QoS ではポリシーと呼びます）を使って通信の信頼性を制御します。リアルタイム制御のような応答速度を考慮するなら、DDS は UDP のような振る舞いに調整されます。通信の欠損を許

注19 http://www.omg.org
注20 http://www.omg.org/spec/DDSI-RTPS/

第 1 章　ROS の歴史

すような通信制御も QoS ポリシーの変更で対応できます。DDS はデフォルトでは UDP を使いますが、TCP を使う仕様も策定済みであり、すでにいくつかのベンダーが実装しています。

1-6-3　ベンダーとライセンス

OMG は DDS の仕様策定の際、いくつかの企業と共同で策定作業を進めました。これらの企業の中には現在、主要な DDS ベンダーになっている企業もあります。

・RTI
・PrismTech（現 ADLINK）
・Twin Oaks Software

これらに加えて、DDS の通信プロトコル仕様である RTPS へ直接アクセスできる実装を提供するソフトウェアベンダーもあります。この場合、ROS 2 をその上位層に実装しやすくなります。

・eProsima

ただし、これらのライセンス形式は ROS コミュニティにとっては使いづらいものでした。LGPL 形式で提供されるものもありましたが、ROS 1 は BSD 形式のライセンスで提供し続けたい姿勢をとっています。eProsima のベンダー実装である FastRTPS（現 Fast DDS）[注21] も当初、LGPL ライセンスでしたが、Open Source Robotics Foundation からの働きかけもあって、現在は Apach 2.0 ライセンスに移行し、ROS コミュニティとの相性は良くなりました[注22]。現在では、この Fast DDS が ROS 2 のデフォルト DDS ミドルウェアとして採用されています。

以上が翻訳で、ここからは筆者が ROS 2 の設計文書やソースコード、参考文献から調べた内容をもとに解説します。

注21　https://www.eprosima.com/index.php/products-all/eprosima-fast-dds
注22　https://github.com/eProsima/Fast-DDS/blob/master/LICENSE

14

1-6-4 DDSのインタフェース記述言語

ROS 1におけるメッセージやサービスのインタフェース記述言語（IDL）と同様に、DDSにもIDLがあります。ROS 2でもメッセージやサービスのIDLはROS 1と同様であり[注23]、それをDDSのIDLに対応させることで、表面上、ROS 1インターフェースを維持したままDDSでの通信を実現しているのです[注24]。

それでは、DDSのIDLはどのように定義されているのでしょうか？ こちらもDDSと同様にOMGによって策定された仕様書が存在します[注25]。実はDDSのIDLはCORBA[注26]のものと同じであることがわかります。ともに同じOMG（Object Management Group）[注27]が承認した仕様であり、流れるデータの定義に関しては共通ですが、通信の仕組みは以下のように異なります。

● **CORBA**

　サーバ・クライアント通信方式
● **DDS**

　Publisher/Subscriber 通信方式

OMG IDLの概要は以下の記事に日本語でよくまとまっています。C++言語のクラス定義を読むことができれば、OMG IDLもほぼ同じような構文であるため理解できます。

● **Interstage Application Server アプリケーション作成ガイド（CORBAサービス編）**

　https://software.fujitsu.com/jp/manual/manualfiles/M080167/J2UZ6830/
　03Z2C/apgodaa/apgod390.htm

1-6-5 DDSの通信プロトコルRTPS (Real-Time Publish-Subscribe)

少しわかりづらいのですが、DDSはPublisher/Subscriber通信の仕様の名称であ

注23　ROS 1と比べ、ROS 2では定数、配列のデフォルト値などを記述できるようになりました。
注24　http://design.ros2.org/articles/mapping_dds_types.html
注25　https://www.omg.org/spec/IDL/About-IDL/
注26　http://www.corba.org
注27　http://www.omg.org

第 1 章　ROS の歴史

り、配信プロトコル自体は RTPS（Real-Time Publish-Subscribe）という名称で別途
定義されています。

つまり、OSI 参照モデル[注28] における以下のような関係といえるでしょうか。

● **アプリケーション層**

　　DDS（HTTP、IMAP などと同様）

● **トランスポート層**

　　RTPS（TCP、UDP などと同様）

RTPS に関する OMG の仕様書[注29] を眺めてわかった RTPS の主な特徴は以下の
とおりです。恐ろしく野心的で汎用的なプロトコルです。

・RTPS の性能と QoS 特性は標準的なネットワーク上で、リアルタイムアプリ
　ケーションのためのベストエフォートと高信頼の Publisher/Subscriber 通信を
　実現する。
・フォールトトレランス性（故障が起きても全体動作に支障がない）を持ち、単一
　障害点のないネットワークを構築する。
・後方互換性と相互接続性を失うことなく、通信プロトコルを拡張することがで
　きる。
・プラグアンドプレイの接続性により、新しいアプリケーションは自動的に発見
　され、構成変更なくネットワークにいつでも参加、辞退することができる。
・構成変更の柔軟性により、高信頼データの通信や正確な時系列データの通信の
　要求を満たすことができる。
・通信プロトコルにモジュール性があり、RTPS のサブセットを実装した単純な
　機器もネットワークに参加させることができる。
・数千の Subscriber を持つようなシステムにも適用できるスケーラビリティを
　持つ。
・IDL を使った型安全性により、プログラミングエラーを防ぐ。

注28　コンピュータの持つべき通信機能を階層構造に分割したモデルです。
注29　http://www.omg.org/spec/DDSI-RTPS/

1-7 DDS 以外の通信プロトコルの選択肢 Zenoh

実際のプロトコルは UDP/IP の上に実装され、バイナリのフォーマットになって配信されます。

1-7 DDS以外の通信プロトコルの選択肢Zenoh

このように、DDS は機能が豊富で信頼性も高く、ミッションクリティカルなロボットアプリケーションにとっては非常に心強い通信プロトコルです。自動運転車や産業用ロボットなど、通信に起因した障害が少しでも起こっては人命に関わる製品にとって、なくてはならない存在です。

ただし、その高い性能の代償として、通信処理自体が複雑で重い、最適なパラメータ調整が難しい、サブネット越しの通信はできない、などの課題があり、常に多くの ROS 2 ユーザや ROS 2 機器連携をしたい企業を悩ませてきました。幸いにも 1-5-4 項で説明した rmw は通信プロトコルに依存していません。そのため、DDS を使わない rmw 実装を作ることが可能です。

そこで、2023 年、ユーザ投票に基づく数十の選択肢から新しい rmw 実装のための通信プロトコルとして Zenoh が選出されました[注30]。Zenoh は Eclipse 財団が管理し、ZettaScale が開発を主導するオープンソースソフトウェアです。ROS 2 と同じく Apache 2.0 ライセンスを採用しており、取り回しもしやすいです。

● **Zenoh - The Zero Overhead, Pub/Sub, Store, Query, and Compute Protocol.**
  https://zenoh.io/
● **zenoh**
  https://github.com/eclipse-zenoh/zenoh

Zenoh の通信プロトコルは大変柔軟にできており、DDS のようにネットワーク内のノードを相互接続することもできますし、ルーター機能を介してインターネット越しを含む異なるサブネットネットワーク間のノードを接続することもできます。

注30 https://discourse.ros.org/t/ros-2-alternative-middleware-report/33771

図1-3 Zenohの通信ネットワーク（https://zenoh.io/media/ より転載）

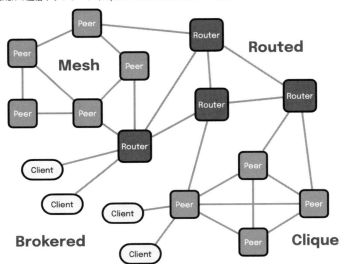

Rustで実装されていて、動作は非常に軽量です。マイコンでも（一部機能を除いて）動作します[注31]。DDS実装が抱えていた課題の多くを解決できると期待されています。

このZenohのrmw実装がrmw_zenohです。

● **rmw_zenoh**

　https://github.com/ros2/rmw_zenoh

rmw_zenohはROS 2 Jazzy Jaliscoで初めて導入されました。Jazzy時点で正式サポートではなくテストサポートとなっており、rmwの提供する一部の機能に対応していません。執筆時点ではソースコードビルドが必要です。次回以降のディストリビューションでの正式サポートが計画されています。

注31　https://github.com/eclipse-zenoh/zenoh-pico

1-8 ROS 1 から ROS 2 への移行状況

本書の初版が発行された 2019 年、ようやく初の ROS 2 の 3 年間の長期サポートを約束するディストリビューション Dashing Diademata がリリースされました。ROS 1 から ROS 2 への移行作業は始まったばかりで、本書の 6 章で紹介する有名なツールやパッケージも移行の途中でした。

しかし、第 2 版である本書が出版される 2024 年現在、すでに ROS 2 は ROS 1 よりも総ダウンロード数を大きく超えています。**図1-4** は 2023 年のディストリビューション別の年間ダウンロード割合をもとに描いた円グラフです[注32]。ROS 1 の合計ダウンロード数は 4 割未満で、すでに ROS 2 が過半数を占めていることがわかります。2024 年のデータはまだありませんが、この差はより広がっていることでしょう。

図1-4 2023 年の ROS のバージョン別ダウンロード割合

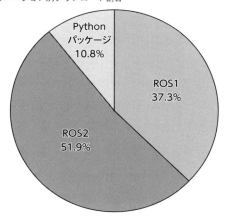

上のデータはユーザを軸にした指標を示しましたが、次は開発者を軸にした指標を見てみましょう。パッケージのメンテナンスが行われている量を示すグラフを以下のページから参照できます。このグラフから ROS の開発者がどのディストリビューションを使って開発しているのかを読み取ることができます。

注32 https://discourse.ros.org/t/2023-ros-metrics-report/35837 に基づいて計算しました。Python パッケージは厳密にはどのディストリビューション向けか計測できません。

第 1 章　ROS の歴史

● **ROS Distro - ROS Metrics**

```
https://metrics.ros.org/rosdistro_rosdistro.html
```

　白黒印刷の紙面では把握しづらいためグラフの掲載は割愛しますが、このグラフから 2024 年 6 月の時点で ROS 1 へのメンテナンス割合はついに 0 になりました。すべてが ROS 2 のディストリビューションで占められていることがわかります。つまり、ROS 1 から ROS 2 への移行作業は完了し、ツールやパッケージのメンテナンスは ROS 2 に集中しているといえます。また、これらのグラフからはわかりませんが、本書の 7 章で紹介するように、ROS 2 のエコシステムとしてロボットソフトウェア以外にもさまざまな分野のソフトウェア、フレームワークが提供されるに至っています。

　ROS 1 の正式サポートは泣いても笑っても 2025 年に終了します。読者のみなさんの中に ROS 1 開発者やユーザがいましたら、本書の知識を持ってぜひ 2024 年中に ROS 2 移行を完了させてください。

第2章 開発環境セットアップ

2-1 Ubuntu 24.04のインストール

ROS 1のインストールは、基本的に Canonical が開発している Ubuntu OS しか正式サポートしていませんでしたが、ROS 2では以下へのインストールを正式サポートすることになりました[注1]。

- ・Ubuntu（amd64版／arm64版）
- ・Windows（amd64版のみ）
- ・RHEL（amd64版のみ）

さらにコミュニティサポートレベルでは以下にも対応しています。

- ・macOS
- ・Debian

現状では Ubuntu 以外の OS へのインストールは手順が少し複雑ですので、本書では Ubuntu 24.04 の使用を前提に解説を進めます。

本書では Ubuntu 24.04 のインストール手順自体は省略します。「Ubuntu 24.04 インストール」で Web 検索すると、スクリーンショットを使いながら日本語で説明しているオンライン記事がたくさん確認できます[注2]。ぜひそれらを参考に進めてください。

注1 https://www.ros.org/reps/rep-2000.html#jazzy-jalisco-may-2024-may-2029
注2 金子邦彦研究室の「Ubuntu 24.04 のインストール」https://www.kkaneko.jp/tools/ubuntu/ubuntudesktop.html が筆者が検索した中で一番情報が豊富で、迷わずセットアップを進められると思います。

第 2 章　開発環境セットアップ

2-1-1　その他の OS へのインストール

　Ubuntu 24.04 以外へのインストール方法として、以下を使ったインストール方法を本書の付録に収録します。

　　・Windows 11 と WSL 2
　　・Docker コンテナ

　一つ目は Windows 用のバイナリを使う正式サポート版ではなく、WSL（Windows Subsystem for Linux）2 を使って Windows に Ubuntu をインストールする方式を採用しています。こちらの方がセットアップが単純で、最新の Windows 環境にも対応しています。また、macOS などその他の OS をお使いの方やご自身の開発環境をきれいに保っておきたい方向けに、二つ目の Docker コンテナを使った利用方法も用意しています。

2-2　ROS 2 のインストール

2-2-1　ROS 2 ディストリビューションの選択

　前章でふれたように、ROS 2 にも ROS 1 と同様にディストリビューションがあります。バージョン名をつけた ROS 2 パッケージのセットが年 1 回公開されます。turtlesim というチュートリアルのプログラム内で動く亀の画像もディストリビューションごとに置き換わります。

2-2 ROS 2のインストール

表2-1 ROS 2ディストリビューション

ディストリビューション	turtlesim	公開日	公開終了日
alpha1 - alpha8		2015年8月	
beta1 - beta3		2016年12月	
Ardent Apalone		2017年12月	2018年12月
Bouncy Bolson		2018年7月	2019年7月
Crystal Clemmys		2018年12月	2019年12月
Dashing Diademata		2019年5月	2021年5月
Eloquent Elusor		2019年11月	2020年11月
Foxy Fitzroy		2020年5月	2023年6月
Galactic Geocheloney		2021年5月	2021年12月
Humble Hawksbill		2022年5月	2027年5月
Iron Irwini		2023年5月	2024年11月
Jazzy Jalisco		2024年5月	2029年5月
Rolling Ridley		2020年6月	

バージョン名がつく正式リリース以前には、2015年8月からアルファ版、2016年
12月からベータ版の提供が開始されました。その後、最初の公式ディストリビュー
ションである Ardent Apalone が 2017年12月8日に公開されました。アルファ版、
ベータ版ではソースコードに対して API を壊すような変更が毎週のように加えられ

第2章　開発環境セットアップ

ていきましたが、ディストリビューションの公開後は、そういった変更は少なくと
もディストリビューション内では行われないような方針がとられています。

Rolling Ridley のみ特殊なディストリビューションです。これは常に最新の
ROS 2 のアップデートを提供するために用意されたものであり、ディストリビュー
ション内での破壊的な変更も許されている ROS 開発者向けのディストリビュー
ションです。ユーザはディストリビューション内での破壊的な変更を禁じているそ
の他のディストリビューションを使うことをおすすめします。

ROS 1 と同じように 5 年間の長期サポートを約束する初の ROS 2 ディストリ
ビューション Humble Hawksbill が 2022 年 5 月にようやく公開されました。続けて
2024 年 5 月に二つ目の長期サポートを行う ROS 2 ディストリビューション Jazzy
Jalisco が公開されました。本書では、この最新のディストリビューションである
Jazzy Jalisco を利用して解説を進めます。つまり、本書で得られた知識は 2029 年ま
で長く有効です。

2-2-2　ロケールのセットアップ

インストールを始める前に、あらかじめ OS の文字コードを UTF-8 に設定してお
く必要があります。

```
$ sudo apt update && sudo apt install locales
$ sudo locale-gen ja_JP ja_JP.UTF-8
$ sudo update-locale LC_ALL=ja_JP.UTF-8 LANG=ja_JP.UTF-8
$ export LANG=ja_JP.UTF-8
```

2-2-3　Ubuntu Universe リポジトリの有効化

次に Ubuntu の APT[注3] パッケージの参照先に Ubuntu 開発元である Canonical が
サポートする Ubuntu Main だけでなく、コミュニティがメンテナンスする Ubuntu
Universe[注4] も追加します。これにより、ROS 2 に関連してインストールされる依存
パッケージが正しくセットアップできるようになります。

注3　Debian OS 用に開発されたパッケージ管理システムです。Ubuntu は Debian の派生ディストリビュー
ションなので、Ubuntu でも用いられています。

注4　https://help.ubuntu.com/community/Repositories/Ubuntu

```
$ sudo apt install software-properties-common
$ sudo add-apt-repository universe
```

2-2-4 APTソースリストの設定

Ubuntu Universe の APT パッケージに加えて、ROS 2 のビルド済みバイナリを公開している公式 APT パッケージのダウンロード先も追加します。

```
& sudo apt update && sudo apt install curl -y
& sudo curl -sSL https://raw.githubusercontent.com/ros/rosdistro/master/⏎
ros.key -o /usr/share/keyrings/ros-archive-keyring.gpg
$ echo "deb [arch=$(dpkg --print-architecture) signed-by=/usr/share/⏎
keyrings/ros-archive-keyring.gpg] http://packages.ros.org/ros2/ubuntu ⏎
$(. /etc/os-release && echo $UBUNTU_CODENAME) main" | sudo tee /etc/apt/⏎
sources.list.d/ros2.list > /dev/null
$ sudo apt update
```

2-2-5 ROS 2パッケージのインストール

APT ソースリストが更新されたら、ROS 2 ディストリビューションに ROS 2 Jazzy Jalisco を選択するために、環境変数にそのコードネーム jazzy を設定します。

```
$ export ROS_DISTRO=jazzy
```

ROS 2 パッケージをインストールするときは、個々のパッケージを一つずつインストールする方法もありますが、一般的には必要となるパッケージ群をまとめたものをインストールすると過不足がなく便利です。

```
$ sudo apt install ros-$ROS_DISTRO-desktop \
    ros-dev-tools python3-argcomplete
$ sudo rosdep init
$ rosdep update
```

rosdep は ROS 2 パッケージの依存パッケージ解決を行うために必要なツールです。ここでは、パッケージのデータベースの初期化と情報更新を行っています。

APT インストールしたパッケージは、それぞれ以下の役割を担います。

第 2 章　開発環境セットアップ

● ros-$ROS_DISTRO-desktop

　　GUI アプリケーション、デモプログラムなどを含むほぼすべての ROS 2 パッ
　ケージが含まれています。

● ros-dev-tools[注5]

　　ROS 2 パッケージをビルドしたり、開発環境をセットアップしたりするツール
　群のオールインワンパッケージです。

● python3-argcomplete[注6]

　　この Python モジュールをインストールすると、ROS 2 関連のコマンドライン
　ツールのタブ補完ができるようになるため、あらかじめインストールしておき
　ます。

　もし、ストレージ容量に問題がある場合や、GUI アプリケーションがいらない場
合には、共通ライブラリ、メッセージ通信機能、コマンドラインツールなど最低限
のパッケージのみをインストールすることもできます。

```
$ sudo apt install ros-$ROS_DISTRO-ros-base \
    ros-dev-tools python3-argcomplete
```

2-2-6　環境設定

　Ubuntu 標準のシェル[注7]である bash 環境用のセットアップスクリプトを実行しま
す。これにより、ROS 2 関連の環境変数などの設定項目が開いているターミナルに
読み込まれます。

```
$ source /opt/ros/$ROS_DISTRO/setup.bash
```

　セットアップスクリプトを自動実行するために、ターミナル起動時に読み込まれ
る .bashrc に追記しておくこともできます。

注5　cmake、git、python3、python3-setuptools、python3-bloom、python3-colcon-common-extensions、
　　　python3-rosdep、python3-vcstool、wget がインストールされます。

注6　コマンドラインのオプション、引数、サブコマンドのパーサー機能を提供します。https://pypi.python.
　　　org/pypi/argcomplete

注7　OS がユーザのためにインタフェースを提供するソフトウェアです。

2-2 ROS 2 のインストール

```
$ echo "source /opt/ros/$ROS_DISTRO/setup.bash" >> ~/.bashrc
```

　zsh 環境用のセットアップスクリプトも用意されています。ご自身の好きな方を
ご利用ください。

```
$ source /opt/ros/$ROS_DISTRO/setup.zsh
```

```
$ echo "source /opt/ros/$ROS_DISTRO/setup.zsh" >> ~/.zshrc
```

　以降の作業では、この環境変数とセットアップスクリプトは事前に読み込まれて
いるものとして進めます。

2-2-7　動作確認

　ros-$ROS_DISTRO-desktop をインストールした場合には、デモプログラムを使っ
て手軽に動作確認が行えます。デモプログラムの一つに talker ノードが送信した文
字列を listener ノードが受信しておうむ返しする単純なデモがあります。これは
ROS の世界でいうところの Hello World[注8] 的なプログラムです。内部で行われてい
ることは、次章以降で詳しく説明していきますが、ROS 2 のメッセージ通信の利便
性を端的に表しています。

talker ノード

```
$ ros2 run demo_nodes_cpp talker
[INFO] [talker]: Publishing: 'Hello World: 1'
[INFO] [talker]: Publishing: 'Hello World: 2'
[INFO] [talker]: Publishing: 'Hello World: 3'
[INFO] [talker]: Publishing: 'Hello World: 4'
[INFO] [talker]: Publishing: 'Hello World: 5'
```

listener ノード

```
$ ros2 run demo_nodes_cpp listener
[INFO] [listener]: I heard: [Hello World: 1]
[INFO] [listener]: I heard: [Hello World: 2]
[INFO] [listener]: I heard: [Hello World: 3]
```

注8　画面に "Hello, World!" に類する文字列を表示するプログラムの通称です。多くのプログラミング言語の
　　入門書で、プログラミング言語の基本文法の最初の解説例として提示されます。

第 2 章　開発環境セットアップ

```
[INFO] [listener]: I heard: [Hello World: 4]
[INFO] [listener]: I heard: [Hello World: 5]
```

これでようやく ROS 2 の世界への入り口に立つことができました。

2-3　サンプルコードのセットアップ

次章からステップバイステップで実装していく ROS 2 デモパッケージ hello_world および 5 章、8 章で使用するパッケージのソースコードは、次のオンラインリソースにビルド可能な形ですべて保存されています。

https://github.com/youtalk/get-started-ros2/tree/main/src

本書では紙面の都合上、ライセンスやインクルード文などを省略し、ソースコードも一部のみを抜粋して記載しています。ソースコード全体をご覧になりたい場合には、こちらを参照してください。ライセンス条項に関しては、まとめて付録に記載しています。

サンプルコードのセットアップ方法は以下のとおりです。適宜、本文と照らし合わせながら読み進めていってください。

```
$ cd ~/ && git clone https://github.com/youtalk/get-started-ros2.git
$ cd get-started-ros2
$ rosdep install --from-paths src --ignore-src -r -y
$ colcon build
$ source install/setup.bash
```

colcon コマンドは、ROS 2 パッケージのビルドツールです。次章で解説します。

3-2 ROS 2 フロントエンドツール ros2

3

第3章 ROS 2の基本機能

≡ 3-1 基本機能で学ぶこと

　本章ではROS 2の基本機能について学びます。ROS 2は複数のプログラミング言語やOSでビルド、実行するために専用のフロントエンドツールやビルドツールを用意しています。まずはその説明をしながら、ROS 2のプログラミングの全体像を把握します。

　次に、以下に示す4種類のROS 2の通信機能を実際にゼロからプログラムを書きながら理解していきます。

- ・トピック
- ・サービス
- ・アクション
- ・パラメータ

　これら4種類の通信機能を使い分けられるようになれば、ROS 2の基本を習得できたといえます。

≡ 3-2 ROS 2 フロントエンドツール ros2

3-2-1 ros2の使い方

　ROS 2のコマンドラインインタフェースのエントリポイントはros2です。

29

第3章　ROS 2の基本機能

ros2はさまざまなサブコマンド[注1]を持ち、ノード、トピック、サービスなどの動作検証ができます。ROS 1で使われていたrosnode, rostopic, rosserviceなどのコマンドはros2というエントリポイント一つに集約されました。

```
$ ros2 action       # アクション関連のサブコマンド
$ ros2 bag          # rosbag2関連のサブコマンド（6章を参照）
$ ros2 component    # コンポーネント関連のサブコマンド（4章を参照）
$ ros2 control      # ros2_control関連のサブコマンド（6章を参照）
$ ros2 daemon       # ノード発見デーモン関連のサブコマンド
$ ros2 doctor       # ROSのセットアップ状態の診断関連のサブコマンド
$ ros2 interface    # メッセージ定義関連のサブコマンド
$ ros2 launch       # Launchシステム関連のサブコマンド（4章を参照）
$ ros2 lifecycle    # ライフサイクル関連のサブコマンド
$ ros2 multicast    # UDPマルチキャスト関連のサブコマンド
$ ros2 node         # ノード関連のサブコマンド
$ ros2 param        # パラメータ関連のサブコマンド
$ ros2 pkg          # パッケージ関連のサブコマンド
$ ros2 run          # ノード実行関連のサブコマンド
$ ros2 security     # セキュリティ設定関連のサブコマンド（4章を参照）
$ ros2 service      # サービス関連のサブコマンド
$ ros2 topic        # トピック関連のサブコマンド
```

サブコマンドごとのエントリポイントはros2cli[注2]パッケージでプラグインとして実装されており、容易にサブコマンドの追加、拡張ができます。

3-2-2　ros2サブコマンドの実行例

典型的なtalker/listenerの例をコマンドラインインタフェースだけを使って再現できます。メッセージの送信にはros2 topic pub、メッセージの受信と標準出力にはros2 topic echoを使います。ROS 1のrostopic pub、rostopic echoを使ったことがある方には馴染みやすいはずです。

注1　公式ではバーブ（Verb）と呼んでいますが、日本語には直訳で「動詞」と訳しても馴染まないため、本書ではサブコマンドと訳しました。

注2　https://github.com/ros2/ros2cli

■ターミナル 1

```
$ ros2 topic pub /chatter std_msgs/String '{data: Hello world!}'
publisher: beginning loop
publishing std_msgs.msg.String(data='Hello world!')

publishing std_msgs.msg.String(data='Hello world!')
```

■ターミナル 2

```
$ ros2 topic echo /chatter
data: Hello world!

data: Hello world!
```

簡単なメッセージをやりとりするためのテストがコマンドラインインタフェースだけで完結するのは、やはりデバッグの面で非常に便利です。

3-2-3　ノード発見デーモン

1-4-1項で説明したように、ROS 2は互いのノードを分散処理で発見します。これはROS 1のROSマスターのような中央集権的な発見機構を必要としないためです。しかし、中央集権ではない分、ROS 2ネットワークに参加するすべてのノードを発見するには時間がかかってしまいます。

そこで、「ノード名のリストを取得する」などのROSネットワーク全体に関わるクエリにより早く応答するため、専用のデーモンをバックグラウンドで起動させます。

```
$ ros2 daemon start    # デーモンの起動
$ ros2 daemon status   # デーモンの現在状態の標準出力
$ ros2 daemon stop     # 起動済みのデーモンの停止
```

このデーモンは ros2 daemon start が呼ばれるとバックグラウンド実行されます。

これは理想（中央集権の撤廃）と現実（高速化）の良い落とし所です。このデーモンがなければノードを分散処理で発見し、あれば参照して高速に発見できるようになります。ROS 2ネットワークが大きく複雑になる大規模なロボットシステムでは、実際問題として、こういった機能が必要になってくるはずです。

3-3 ROS 2パッケージビルドツールcolcon

3-3-1　colconの使い方

ROS 2は複数のプログラミング言語やOSにおいても統合的にビルドできるようにする必要があります。そのため、ビルドツールもcolconという独自のものを用意しています。

ROS 1にも同じようにcatkin[注3]というビルドツールがありましたが、モノリシック[注4]に設計されており、拡張性に課題がありました。colconはプラグイン構造に再設計され、ROS 2パッケージだけでなくROS 1パッケージもビルドできるようなっています。さらにプラグインを追加することで、CMakeLists.txtプロジェクトのC/C++プログラムやsetup.pyしかないPythonスクリプトをそのままROS 2パッケージとしてビルドできるようになりました[注5]。プラグインを新しく追加すれば、その他のプログラミング言語のプログラムのビルドにも対応させることができます。

colconの使い方については以下の文書に詳しくまとめられています。

- **Quick start——colcon documentation**
  https://colcon.readthedocs.io/en/released/user/quick-start.html
- **Using colcon to build packages**
  https://docs.ros.org/en/jazzy/Tutorials/Beginner-Client-Libraries/Colcon-Tutorial.html

基本的な使い方は以下のとおりです。

```
$ mkdir -p /tmp/workspace/src      # ワークスペースのディレクトリ作成
$ cd /tmp/workspace                # ワークスペースに移動
$ cd src; git clone ***; cd ..     # srcディレクトリ以下にROSパッケージを設置
$ colcon list                      # 全パッケージをリストアップ
$ colcon build                     # 全パッケージをビルド
$ colcon test                      # 全パッケージのテスト実行
```

注3　https://catkin-tools.readthedocs.io/en/latest/index.html
注4　モノリシックとは「一枚岩でできた」という意味です。全体が一つのモジュールでできていて、分割されていないことを表します。
注5　ROS 1ではPythonパッケージでもCMakeLists.txtは必須でした。

```
$ colcon test-result --all          # テストの実行結果を列挙
$ source install/local_setup.bash    # パッケージのセットアップスクリプト実行
$ ros2 run ***                       # ノード実行
```

ROS 1の catkin を使ったことがあれば、ほとんど同じように使えます。最低限、パッケージビルドを行う colcon build は覚えておきましょう。

3-3-2 colconオプション機能の便利ショートカット集 colcon mixin

colcon はさまざまなプログラミング言語のビルドツールを包含するパッケージビルドコマンドなので、実はたくさんのオプション機能が存在します。そのすべてを紹介することはできませんが、特に便利な機能である colcon mixin について説明します。

colcon mixin はパッケージビルドコマンド colcon の膨大なオプション機能に対して、開発者が覚えやすいショートカットを提供する仕組みです。

● **colcon-mixin-repository**

https://github.com/colcon/colcon-mixin-repository

初回実行前に以下の操作が必要です。この操作により、公式リポジトリに保存された colcon のための便利ショートカット集の最新データを取得します。

```
$ colcon mixin add default https://raw.githubusercontent.com/colcon/↵
colcon-mixin-repository/master/index.yaml
$ colcon mixin update default
```

実際に利用するには各サブコマンドに対して --mixin オプションを与えます。例えば、標準の colcon build コマンドで C++ パッケージのリリースビルドを実行するには、以下のような理解しづらいオプションを覚える必要があります。

```
$ colcon build --cmake-args -DCMAKE_BUILD_TYPE=Release
```

第3章　ROS 2の基本機能

それが colcon build --mixin のショートカットを使えば、とても簡単に記述できます。

```
$ colcon build --mixin release
```

その他にもたくさんのショートカット集が存在します。以下のコマンドで一覧を表示できますので、ぜひ確かめてみてください。筆者のおすすめオプションはcompile-commands、ccache、ninja j lld です。これを加えるだけで C++ のビルドが非常に速くなります。

```
$ colcon mixin show
```

3-3-3　その他のROS 2公式ツール

colcon は ROS 1 時代のビルドツールと同様に、ソースコードのクローンや依存ライブラリのインストール、インストールパッケージ化といった処理を担当しません。それぞれ別のコマンドが用意されていますが、本書の解説の範疇を超えるため、紹介だけに留めます。

● vcstool[注6]
　　ソースコードリポジトリの管理ツール
● rosdep
　　パッケージの依存解決ツール（ROS 1 同様）
● bloom[注7]
　　パッケージのリリースツール（ROS 1 同様）

これで ROS 2 のパッケージのビルドとノードの実行方法がわかりました。続いて本題の ROS 2 の基本機能であるメッセージ通信機能のプログラミングに移りましょう。

注6　https://github.com/dirk-thomas/vcstool
注7　https://docs.ros.org/en/jazzy/How-To-Guides/Releasing/First-Time-Release.html

34

3-4 トピック

　メッセージ通信にはいくつかの種類がありますが、まず代表的なトピックを使ってみましょう。トピックとはセンサー出力などのストリーミングデータを送信するために用いられるROSで一番利用頻度の高いメッセージ通信方式[注8]です。トピックを流れるメッセージのデータ構造は.msg形式のファイルで定義されており、この定義ファイルを基に各プログラミング言語に対応したアクセスライブラリが自動生成されます。これにより、異言語間でもメッセージ通信を簡単に実現できます。

図3-1　ノードA・B間のトピック送受信

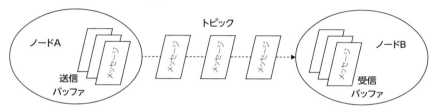

　ROS 2パッケージを新規作成するコマンドはros2 pkg createです。

```
$ mkdir -p ~/get-started-ros2/src && cd ~/get-started-ros2/src
$ ros2 pkg create --build-type ament_cmake hello_world \
    --dependencies rclcpp hello_world_msgs
```

　コマンドを実行すると、srcディレクトリ以下にhello_worldパッケージの雛形が新規作成されます。--dependenciesオプションには依存パッケージを列挙します。雛形生成されたpackage.xmlとCMakeLists.txtを修正して、talker.cppとlistener.cppを新規作成していきましょう。

[注8] 便宜上「送信」、「受信」という言葉を使っていますが、実際にはトピックは出版・購読型（Publisher/Subscriber）通信を行っています。一般的なサーバ・クライアント形式と違い、トピックの送信（出版）者側と受信（購読）者側がお互いを特定することなく非同期通信する仕組みです。ただ、日本人には出版・購読型通信といっても馴染みがないため、以降では送信、受信と記します。

第3章　ROS 2の基本機能

~/get-started-ros2/src/hello_world/package.xml

　package.xmlには、このROS 2パッケージの概要を記述します。<package format="3">となっていますが、これはROS 2から新たに使われているフォーマットです[注9]。依存パッケージの条件にROS 1パッケージを指すのか、ROS 2パッケージを指すのかを指定できるようになる、などの変更が行われました。

```xml
<?xml version="1.0"?>
<?xml-model href="http://download.ros.org/schema/package_format3.xsd"
            schematypens="http://www.w3.org/2001/XMLSchema"?>
<package format="3">
  <name>hello_world</name>
  <version>2.0.0</version>
  <description>
    C++ hello_world demo nodes.
  </description>
  <maintainer email="yutaka.kondo@youtalk.jp">Yutaka Kondo</maintainer>
  <license>Apache License 2.0</license>

  <buildtool_depend>ament_cmake</buildtool_depend>
  <build_depend>rclcpp</build_depend>
  <build_depend>hello_world_msgs</build_depend>
  <exec_depend>rclcpp</exec_depend>
  <exec_depend>hello_world_msgs</exec_depend>

  <export>
    <build_type>ament_cmake</build_type>
  </export>
</package>
```

　package.xmlの必須タグは以下のとおりです。

注9　http://www.ros.org/reps/rep-0149.html

3-4 トピック

表3-1 package.xmlの必須タグ

XMLタグ	説明
<name>	パッケージ名
<version>	パッケージのバージョン（セマンティックバージョニング[注10]形式）
<description>	パッケージの中身の説明
<maintainer>	パッケージを維持管理している人たちの名前とメールアドレス
<license>	パッケージのソフトウェアライセンス

ROS 2パッケージの依存関係も package.xml に記述します。

表3-2 package.xmlの依存関係用タグ

XMLタグ	説明
<buildtool_depend>	パッケージをビルドするために用いるビルドツール
<build_depend>	パッケージをビルドするために必要な依存パッケージ
<build_export_depend>	他のパッケージが本パッケージを使った開発を行う際に必要な依存パッケージ
<exec_depend>	パッケージを実行するために必要な依存パッケージ
<test_depend>	パッケージをテストするために必要な依存パッケージ
<depend>	上記すべてを含む依存パッケージ

<depend> タグを指定した依存パッケージはテスト以外のビルド、実行、リリースのすべてに必要です。少し面倒ですが、その代わりにビルド時にのみ必要な依存パッケージを指定する <build_depend> タグや実行時にのみ必要な依存パッケージを指定する <exec_depend> タグなどを別々に用いると、ビルド時間の短縮や、インストールバイナリのサイズを削減できます。特に純粋な Python 3パッケージの場合にはビルドは必要ないため、<exec_depend> だけで良いです。積極的に <***_depend> の方を用いるようにしましょう。

C++ 言語を使った ROS 2パッケージのビルドには、<buildtool_depend> タグで設定した ament_cmake を用いることが一般的です。これは一般的な C++ 言語のビルドツールである CMake に、ROS 2パッケージのビルド用の便利関数を追加したものです。

注10　バージョンナンバーは、メジャー.マイナー.パッチとします。バージョンを上げるには、APIの変更に互換性のない場合はメジャーバージョンを、後方互換性があり機能性を追加した場合はマイナーバージョンを、後方互換性をともなうバグ修正をした場合はパッチバージョンを上げます。https://semver.org/lang/ja/

37

第3章 ROS 2の基本機能

~/get-started-ros2/src/hello_world/CMakeLists.txt

実際のビルド手順などを記述したCMakeLists.txtを用意しましょう。ここでは便利関数custom_executableを使って、実行ファイルのビルドとインストール設定をひとまとめにしています。

```
cmake_minimum_required(VERSION 3.12)
project(hello_world)

# C++17の設定
if(NOT CMAKE_CXX_STANDARD)
  set(CMAKE_CXX_STANDARD 17)
  set(CMAKE_CXX_STANDARD_REQUIRED ON)
endif()

# 依存パッケージ
find_package(ament_cmake REQUIRED)
find_package(rclcpp REQUIRED)
find_package(hello_world_msgs REQUIRED)

# ビルド設定の便利関数
function(custom_executable target)
  add_executable(${target} src/${target}.cpp)
  ament_target_dependencies(${target} "hello_world_msgs")
  install(TARGETS ${target} DESTINATION lib/${PROJECT_NAME})
endfunction()

# talkerノードのビルド設定
custom_executable(talker)
# listenerノードのビルド設定
custom_executable(listener)

ament_package()
```

~/get-started-ros2/src/hello_world/src/talker.cpp（抜粋）

talkerは文字列トピックchatterを送信するノードです。10Hz（1秒あたり10回）の送信周期に設定しています。送信される文字列はHello world!です。ROS 1の時代では必要だったwhile文による無限ループの記述がなくなり、繰り

返しタイマー実行されるイベントハンドラー関数を登録するイベント駆動型プログラミングの記述形式になりました。このタイマーは main 関数内で呼び出される rclcpp::spin 関数の実行時に開始されます。

これにより、開発者は決まったインターバルでループ実行されるように、ループ内の処理時間に応じてスリープ時間を調節する、といった特殊な操作をまったく考える必要がなくなりました。プログラミング形式の制約の一つがこれに当たります。開発者全員が制約にしたがうことでソースコードの全体品質を向上させることにつながります。また、イベントハンドラー関数の定義には、C++11 のラムダ式[注11] を用いました。ラムダ式の登場により、イベントハンドラ関数のような使い捨ての無名関数を簡単に定義できるようになりました。

```cpp
class Talker : public rclcpp::Node
{
public:
  explicit Talker(const std::string & topic_name)
  : Node("talker")
  {
    // タイマー実行されるイベントハンドラー関数
    auto publish_message =
      [this]() -> void  // ラムダ式による関数オブジェクトの定義
      {
        // 送信するメッセージ
        auto msg = std::make_unique<std_msgs::msg::String>();
        msg->data = "Hello world!";

        RCLCPP_INFO(this->get_logger(), "%s", msg->data.c_str());
        pub_->publish(std::move(msg));
      };

    // chatterトピックの送信設定
    rclcpp::QoS qos(rclcpp::KeepLast(10));
    pub_ = create_publisher<std_msgs::msg::String>(topic_name, qos);
    // publish_messageの100ミリ秒周期でのタイマー実行
    timer_ = create_wall_timer(100ms, publish_message);
  }
```

注11　ラムダ式は、簡易的な関数オブジェクトをその場で定義するための機能です。この機能によって、高階関数（関数を引数もしくは戻り値とする関数）をより使いやすくできます。

第3章 ROS 2の基本機能

```cpp
private:
  rclcpp::Publisher<std_msgs::msg::String>::SharedPtr pub_;
  rclcpp::TimerBase::SharedPtr timer_;
};

int main(int argc, char * argv[])
{
  // クライアントライブラリの初期化
  setvbuf(stdout, NULL, _IONBF, BUFSIZ);
  rclcpp::init(argc, argv);

  // talkerノードの生成とスピン開始
  auto node = std::make_shared<Talker>("chatter");
  rclcpp::spin(node);
  rclcpp::shutdown();

  return 0;
}
```

~/get-started-ros2/src/hello_world/src/listener.cpp（抜粋）

listener は文字列トピック chatter を受信するノードです。受信するたびにコールバック関数 callback() が自動的に呼び出されます。ROS 1 の時代はコールバック関数単体を記述することもできましたが、ROS 2 では単なるコールバック関数ではなく rclcpp::Node を継承したクラスを用意して、その中にコールバック関数を登録する点が異なります。ROS 2 ノードの実装は Publisher/Subscriber 関係なく、この rclcpp::Node を継承したクラスを用いることで、ノードの実行方法が統一されます。このおかげで main 関数は talker.cpp と listener.cpp でクラス名以外まったく同じソースコードになるため、記載を省略します。

```cpp
class Listener : public rclcpp::Node
{
public:
  explicit Listener(const std::string & topic_name)
  : Node("listener")
  {
    // chatterトピックのコールバック関数
```

```
  auto callback =
    [this](const std_msgs::msg::String::UniquePtr msg) -> void
    {
      RCLCPP_INFO(this->get_logger(), "%s", msg->data.c_str());
    };

  // chatterトピックの受信設定
  rclcpp::QoS qos(rclcpp::KeepLast(10));
  sub_ = create_subscription<std_msgs::msg::String>(
    topic_name, qos, callback);
}

private:
  rclcpp::Subscription<std_msgs::msg::String>::SharedPtr sub_;
};
```

3-4-1 プロセス間通信

実装した talker と listener ノードを実行して、メッセージを送受信してみましょう。まずはソースコードをビルドツール colcon を使ってビルドします。

```
$ cd ~/get-started-ros2
$ colcon build
```

ビルドに成功したら、talker ノードと listener ノードを別ターミナルでそれぞれ実行してみましょう。

■ターミナル 1

```
$ source ~/getstarted-ros2/install/setup.bash
$ ros2 run hello_world talker
[INFO] [talker]: 'Hello world!'
[INFO] [talker]: 'Hello world!'
[INFO] [talker]: 'Hello world!'
```

■ターミナル 2

```
$ source ~/getstarted-ros2/install/setup.bash
$ ros2 run hello_world listener
[INFO] [listener]: 'Hello world!'
[INFO] [listener]: 'Hello world!'
```

第3章　ROS 2 の基本機能

```
[INFO] [listener]: 'Hello world!'
```

　talker が 100 ミリ秒周期で送信した Hello world! という文字列が、listener でもおうむ返しされたら成功です。ros2 topic echo コマンドを使えば、実は listener を書かなくてもおうむ返しは確認できます。

```
$ ros2 topic echo /chatter
data: Hello world!
---
data: Hello world!
---
data: Hello world!
---
```

3-4-2　プロセス内通信

　次に、プロセス内通信を使って talker と listener を一つのプロセスで実行させてみましょう。前項の実行方法では talker と listener が別々のプロセスで実行されていました。それぞれのプロセス間のデータ受け渡しは、内部では DDS のデータ形式にシリアライゼーション[注12]され、RTPS プロトコルにしたがって転送されていました。ノードごとにプロセスを分離することで、耐障害性が高まります。

　しかし、実行性能やマルチプロセスによるオーバーヘッドを考えると、複数ノードを一つのプロセスに統合して動かしたい場合もあります。ROS 2 にはプロセス間通信とプロセス内通信を簡単に切り替える仕組みがあります。ROS 1 でプロセス内通信を行うためには nodelet::Nodelet[注13] という専用の C++ クラスを継承したサブクラスに書き直す必要がありましたが、ROS 2 ではその仕組みが標準化されて提供されています。

注12　メモリ上に存在する情報をファイルとして保存したり、ネットワークで送受信したりできるように変換することです。

注13　http://wiki.ros.org/nodelet

~/get-started-ros2/src/hello_world/src/talker_listener_composition.cpp（抜粋）

プロセス内通信を行うために talker.cpp と listener.cpp を修正する必要はまったくありません[注14]。その代わりに、ノードの実行器 Executor を用いた main 関数を別途記述します。

rclcpp::executors::SingleThreadedExecutor はノードの実行器の役割を果たします。プロセス内通信したいノードを追加してから spin メソッドを呼ぶことで、単一スレッドで各ノードが逐次処理されていきます。SingleThreadedExecutor 以外にも、複数スレッドで複数ノードの制御ループを並列処理する MultiThreadedExecutor もあります。

```cpp
int main(int argc, char * argv[])
{
  setvbuf(stdout, NULL, _IONBF, BUFSIZ);
  rclcpp::init(argc, argv);

  rclcpp::executors::SingleThreadedExecutor exec;
  auto talker = std::make_shared<Talker>("chatter");
  auto listener = std::make_shared<Listener>("chatter");
  exec.add_node(talker);
  exec.add_node(listener);
  exec.spin();
  rclcpp::shutdown();

  return 0;
}
```

この例では、main 関数に手入力で rclcpp::executors::SingleThreadedExecutor の処理をプログラミングして、ビルド時にプロセス内通信を強制しています。しかし、この main 関数はどんなノードを使っても add_node メソッドを単に羅列するだけ

注14 と言いたいところですが、talker.cppとlistener.cppのmain関数をコメントアウトしておく必要があります。紙面の都合上、省略しましたが、これはヘッダーファイルと実装ファイルを分けたり、main関数のみを切り出した別ファイルを用意するようにすれば回避できます。また、rclcpp::NodeOptions().use_intra_process_comms(true) をコンストラクタの引数に与える必要もあります。https://docs.ros.org/en/jazzy/Tutorials/Demos/Intra-Process-Communication.html
もっとROS 2らしいコンポーネント指向のプログラミング方法は次章をご覧ください。

第3章　ROS 2の基本機能

の同じような見た目になりそうです。それなら、毎回main関数相当のことをソースコードに直書きするのではなく、実行時に動的に解決できると嬉しくありませんか？

　もちろんROS 2にはその仕組みが用意されています。もし、ビルド時ではなく、実行時に複数ノードをプロセス内通信させたい場合には、ノードを動的リンクライブラリとしてビルドしておきます。その上で、以下の二つの手段で実行時解決を実現します。

・プロセス内通信用サービスを用いて、実行時にノードを登録する[注15]
・動的リンクライブラリを読み込む実行器を実装し、実行前にノードを動的リンクライブラリの形式で読み込んで実行する[注16]

　詳細は応用編の次章で学びます。

3-4-3　コンピュータ間通信

　同一ネットワークに存在する複数のコンピュータ間でROS 2ノードを通信させたい場合にはどうしたらよいでしょう。ROS 1では、ROSマスターの動作するコンピュータと自分のコンピュータのホスト名（もしくはIPアドレス）を環境変数で設定する必要がありました。foo, barという名前でDNSに登録されたコンピュータがあり、fooでROSマスターが動いているとします。

■ foo **コンピュータ**

```
$ export ROS_MASTER_URI=http://foo:11311/
$ export ROS_HOSTNAME=foo
$ roscore
```

■ bar **コンピュータ**

```
$ export ROS_MASTER_URI=http://foo:11311/
$ export ROS_HOSTNAME=bar
```

　ROS 1ではこのように環境変数ROS_MASTER_URIとROS_HOSTNAME（もしくはROS_

注15　https://docs.ros.org/en/jazzy/Tutorials/Intermediate/Composition.html#run-time-composition-using-ros-services-with-a-server-and-client
注16　https://docs.ros.org/en/jazzy/Tutorials/Intermediate/Composition.html#run-time-composition-using-dlopen

IP）をあらかじめ設定しておくことで、コンピュータ間のメッセージ通信ができました。

ROS 2 では通信ミドルウェア DDS の UDP マルチキャストを使ってメッセージ通信を行うため、こうした環境変数の設定は必要なくなりました。3-4-1 項のプロセス間通信と同じ要領でコンピュータ間通信が行えます。

しかし、例えば、同一サブネットワーク内で複数の ROS 2 ノードを分離して運用したいときに、この機能は逆効果です。ROS 2 ノード同士の通信範囲を制御するには、環境変数 ROS_AUTOMATIC_DISCOVERY_RANGE と ROS_STATIC_PEERS を設定します。ROS_AUTOMATIC_DISCOVERY_RANGE は以下の値をとります。

● OFF

　　ローカルホスト内であってもノードは他のノードとまったく通信できない
● LOCALHOST

　　ローカルホスト内のノード間のみ通信できる
● SUBNET

　　UDP マルチキャストを使ってサブネットワーク内のすべてのノード間で通信できる
● SYSTEM_DEFAULT

　　システムのデフォルト設定

ROS_STATIC_PEERS は通信したい相手のコンピュータの IP アドレスかホスト名を書きます。; で区切ることで複数書くことが可能です。これを使えば ROS_AUTOMATIC_DISCOVERY_RANGE=LOCALHOST の相手とも通信できます。

以下の例では foo, bar コンピュータ同士はトピック送受信ができますが、同じネットワークにいる baz コンピュータは ROS_STATIC_PEERS を設定していないため、listener のトピック受信が始まりません。

■ foo **コンピュータ**

```
$ export ROS_AUTOMATIC_DISCOVERY_RANGE=LOCALHOST
$ export ROS_STATIC_PEERS=bar
$ ros2 run hello_world talker
```

■ bar コンピュータ
```
$ export ROS_AUTOMATIC_DISCOVERY_RANGE=LOCALHOST
$ export ROS_STATIC_PEERS=foo
$ ros2 run hello_world listener
```

■ baz コンピュータ
```
$ export ROS_AUTOMATIC_DISCOVERY_RANGE=LOCALHOST
$ ros2 run hello_world listener
```

会社や大学など共有ネットワーク内でROS 2アプリケーションを実行する場合は、必ず設定するようにしてください。

3-5 サービス

サービスは一般的にはRPC（Remote Procedure Call）とも呼ばれ、別のノードが持つ関数を呼び出す機能を実現します。非同期にストリーミングデータが流れてくるトピックと違い、単一のデータを同期的にやりとりするために用いられます。サービスを呼び出すためのリクエスト（関数でいうところの引数）とレスポンス（関数でいうところの返り値）の定義は.srv形式のファイルに定義されます。.msgで定義されたデータ型も使用できます。

図3-2　ノードA・B間のサービス呼び出し

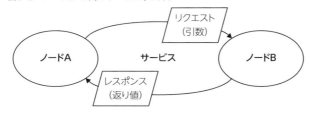

ROS 1のサービスにはリクエスト・レスポンス型の同期通信しかありませんでした。つまり、普通の関数呼び出しのように、関数を引数付きで呼び出し、その結果を得るまで待ち、結果を得る、という処理の間、そのスレッドの動きは止まってしまいます。

ROS 2ではこの同期通信以外に非同期通信もできます。というより、実際には非

3-5　サービス

同期通信しか行っておらず、結果を得るまで待つというメソッドを別途呼び出すことで、あたかも同期通信のように動作させています。この非同期処理の仕組みは、DDS-RPC[注17]によって実現されています[注18]。

3-5-1　サーバ実装

呼び出されたサービスを実行するサーバ側の実装方法からまず見ていきましょう。

ここで、ROS 2プログラミングでは、「メッセージ、サービス、アクション（次節で説明）の定義ファイルは、それだけを格納する独立したパッケージを作成するべき」というベストプラクティスがあります。ここでは、hello_world_msgs という別パッケージにサービス定義ファイルを格納します。その理由は5-2-2項で説明します。今はとりあえず、そういうものと頭の片隅に留めておいてください。

~/get-started-ros2/src/hello_world_msgs/srv/SetMessage.srv

ここでは srv/SetMessage.srv というサービス定義ファイルを作って hello_world の文字列を変更できるように機能拡張してみましょう。

```
string message
---
bool result
```

~/get-started-ros2/src/hello_world_msgs/CMakeLists.txt（抜粋）

rosidl_generate_interfaces 関数を使って、srv/SetMessage.srv ファイルからサービス実装のためのスタブファイル[注19]を生成します。

```
rosidl_generate_interfaces(${PROJECT_NAME}
```

注17　http://www.omg.org/spec/DDS-RPC/

注18　実際には、DDS-RPCの利用はDDSベンダー実装次第です。DDS-RPCの実装がない場合、サービスはリクエスト・レスポンスの二つのトピックを組み合わせることで実装されています。DDSベンダー実装の一つ、Fast DDSがこれにあたります。

注19　型情報などを記載してロジック部分を省略したファイルです。このファイルを使って実際にロジックを書くのはユーザの仕事です。

第 3 章　ROS 2 の基本機能

```
 "srv/SetMessage.srv"
 DEPENDENCIES std_msgs
)
```

~/get-started-ros2/src/hello_world/src/talker_with_ service.cpp （抜粋）

　talker_with_service.cpp については、talker.cpp からの変更点である Talker クラスの実装について紹介します。handle_set_message 変数にサービスが呼び出されたときのコールバック関数が設定されています。以下はそれぞれサービスのリクエストとレスポンスを表します。

● std::shared_ptr<hello_world_msgs::srv::SetMessage::Request> request
　　サービスのリクエスト（引数）
● std::shared_ptr<hello_world_msgs::srv::SetMessage::Response> response
　　サービスのレスポンス（返り値）

　サービスの非同期通信の効果がわかるように、重い処理に見立てた 1 秒スリープを挿入しています。

```
class Talker : public rclcpp::Node
{
public:
  explicit Talker(const std::string & topic_name)
  : Node("talker"),
    data_("Hello world!")
  {
    auto publish_message =
      [this]() -> void
      {
        auto msg = std::make_unique<std_msgs::msg::String>();
        msg->data = data_;  // サービスのレスポンスを利用

        RCLCPP_INFO(this->get_logger(), "%s", msg->data.c_str());
        pub_->publish(std::move(msg));
      };
```

48

3-5 サービス

```
...
    // set_messageサービスのコールバック関数
    auto handle_set_message =
      [this](const std::shared_ptr<rmw_request_id_t> request_header,
        const std::shared_ptr<SetMessage::Request> request,
        std::shared_ptr<SetMessage::Response> response) -> void
      {
        (void)request_header;  // Lintツール対策
        RCLCPP_INFO(this->get_logger(), "message %s -> $s",
                    this->msg_->data.c_str(), request->message.c_str());
        // 1秒スリープ (重い処理の代わり)
        std::this_thread::sleep_for(1s);
        this->data_ = request->message;  // サービスのレスポンスを保存
        response->result = true;
      };

    // set_messageサービスのサーバ設定
    srv_ = create_service<SetMessage>(
      "set_message", handle_set_message);
  }

private:
...
  rclcpp::Service<SetMessage>::SharedPtr srv_;
  std::string data_;
};
```

set_message サービスもプログラムから呼ぶことができますが、ここでは別の手段として、コマンドラインから呼び出してみましょう。ros2 service call というコマンドを使えば実現できます。プログラムから呼ぶ手段は次項で紹介します。

■ターミナル1

```
$ source ~/getstarted-ros2/install/setup.bash
$ ros2 run hello_world talker_with_service
[INFO] [talker]: 'Hello world!'
[INFO] [talker]: 'Hello world!'
...
[INFO] [talker]: 'Hello service!'  # ターミナル2を実行したタイミング
[INFO] [talker]: 'Hello service!'
```

3

ROS 2 の基本機能

49

第3章　ROS 2 の基本機能

■ターミナル 2

```
$ source ~/getstarted-ros2/install/setup.bash
$ ros2 service call /set_message hello_world_msgs/srv/SetMessage \
   '{message: "Hello service!"}'
requester: making request: hello_world_msgs.srv.SetMessage_Request⏎
(message='Hello service!')

response:
hello_world_msgs.srv.SetMessage_Response(result=true)
```

　ターミナル 1 の Hello world! という文字列が、ターミナル 2 を実行した後からは
Hello service! に置き換わったはずです。

3-5-2　同期／非同期クライアント実装

　ROS 2 の非同期処理のプログラミングには、Future パターン[注20] が用いられてい
ます。関数呼び出しの処理が完了しているかわからない段階で処理結果 Future を
即時に返し、返り値の取得を後回しにするプログラミング手法です。

~/get-started-ros2/src/hello_world/src/client_async. cpp（抜粋）

　ソースコード中の ServiceResponseFuture future 変数の get メソッドを呼び出す
ことで、関数呼び出しの処理の完了を待ち、実際の値を得ます。これにより、関数
呼び出しから返り値を取得するまでの間に、他の作業に取り掛かることができます。
　// 非同期処理と書かれたブロックと // 同期処理と書かれたブロックのコメン
トアウト・インを入れ替えれば、同期処理に変更されます。同期処理の場合には、
Future 型変数を取得後、すぐに rclcpp::spin_until_future_complete 関数を呼び
出して処理の完了を待ちます。このため、非同期処理は実質的には同期処理と同じ
ような振る舞いに変わります。

```
class ClientNode : public rclcpp::Node
{
```

注20　プログラミング言語における並列処理のデザインパターンの一つです。何らかの処理を別のスレッドで
　　　処理させる際、その処理結果の取得を必要になるところまで後回しにします。

50

3-5 サービス

```cpp
public:
  explicit ClientNode(const std::string & service_name)
  : Node("client_async")
  {
    client_ = create_client<SetMessage>(service_name);
    // サービスサーバの起動待ち
    while (!client_->wait_for_service(1s)) {
      if (!rclcpp::ok()) {
        return;
      }
      RCLCPP_INFO(this->get_logger(), "Service not available.");
    }
    // リクエストの設定
    auto request = std::make_shared<SetMessage::Request>();
    request->message = "Hello service!";

    // 非同期処理
    {
      using ServiceResponseFuture =
        rclcpp::Client<SetMessage>::SharedFuture;
      auto response_received_callback = [this](
        ServiceResponseFuture future) {
          auto response = future.get();
          RCLCPP_INFO(this->get_logger(), "%s",
                      response->result ? "true" : "false");
          rclcpp::shutdown();
        };
      auto future_result = client_->async_send_request(
        request, response_received_callback);
    }

    // 同期処理
    // {
    //   auto future_result = client_->async_send_request(request);
    //   if (rclcpp::spin_until_future_complete(
    //       this->shared_from_this(), future_result) ==
    //       rclcpp::FutureReturnCode::SUCCESS) {
    //     RCLCPP_INFO(this->get_logger(), "%s",
    //                 future_result.get()->result ? "true" : "false");
    //     rclcpp::shutdown();
    //   }
```

```
  // }
  }
private:
  rclcpp::Client<SetMessage>::SharedPtr client_;
};
```

3-6 アクション

アクションとはROSのメッセージ通信の一つで、サービスのように引数（目標値）と返り値（実行結果）があり、さらに返り値が返ってくるまでの途中段階の値（フィードバック）もトピックのように受け取ることができます。また、アクション実行中に処理を中断させる、といった命令ができるのも特徴の一つです。これらはトピック、サービスにはない機能です。アクションはトピックとサービスの良いところ取りをしたメッセージ通信方法といえます。

図3-3　ノードA・B間のアクション呼び出し

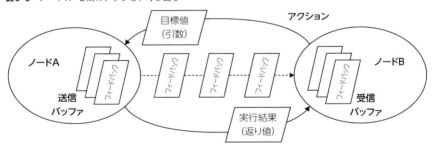

アクションはROS 1の初期段階で提供されなかったため、実はROS 1のクライアントライブラリ（roscpp、rospyなど）にはアクションの実装は存在しません。そのため、actionlib[注21]というパッケージを通じて提供されています。actionlibを使ってアクションの定義ファイルをビルドすると、複数のメッセージの定義ファイルが特定の命名規則にしたがって自動生成されます。それらを連携させて扱うイン

注21　http://wiki.ros.org/actionlib

3-6 アクション

ターフェースが提供されており、あたかもアクションというメッセージ通信方法が存在するかのように振る舞うことで、アクションを実現していました。

一方、ROS 2になってアクションの枠組みはクライアントライブラリの共通ミドルウェアであるrcl[注22]に実装されます。クライアントライブラリの機能として第一級のサポートを受けられるようになったことで、複数のクライアントライブラリへの実装もしやすくなりました。

すでにアクションはROSプログラミングとは切っても切れない存在になっています。ナビゲーションの経路移動やマニピュレーションの軌道再生は、ロボットの実際の移動をともなうので実行終了までに時間がかかります。実行途中の経過報告を受けたいですし、移動の途中で別の目標地点に移動先を変更したり、停止させたりしたいこともあるでしょう。ROSの代表的なパッケージであるナビゲーションもマニピュレーションも、アクションなしに実装することは現実的ではありません。

また、実装手段として、ROS 1のようにトピックだけを使うのではなく、サービスの機能も使っています。これはROS 2のサービスが基本的に非同期通信になったためです。

3-6-1　アクションの定義ファイルと名前空間

アクションの定義ファイルには次の三つの要素を順に記述します。

● **Goal**

アクションの目標値を表します。サービスにおける引数と同じような扱いです。

● **Result**

アクションの実行結果を表します。サービスにおける返り値と同じような扱いです。

● **Feedback**

アクションサーバ（アクションの実行ノード）が返す途中結果の内容を表します。アクション特有の要素です。

それぞれの要素には、ROS 2で提供されるメッセージファイルや別のメッセージ

注22 https://github.com/ros2/rcl

第3章 ROS 2の基本機能

ファイルで定義されたメッセージを使うことができます。例えば、次のフィボナッチ数列[注23]の解を返すアクションの定義ファイルを例に見てみましょう。

https://github.com/ros2/demos/blob/jazzy/action_tutorials/action_
tutorials_interfaces/action/Fibonacci.action

```
int32 order
---
int32[] sequence
---
int32[] partial_sequence
```

このように、サービスの定義ファイルの記述（上二つ）に加えて、Feedbackを定義するための領域（下一つ）が増えていることがわかります。

また、パッケージのビルド時に、アクションファイルは複数のメッセージファイルに自動分解されます。ROS 1の場合にはある命名規則にしたがって接尾語が付いたメッセージの型名が定義されていました。Fibonacci.actionの場合、

- FibonacciActionFeedback.msg
- FibonacciAction.msg
- FibonacciFeedback.msg
- FibonacciResult.msg
- FibonacciActionGoal.msg
- FibonacciActionResult.msg
- FibonacciGoal.msg

のように自動生成されます。このとき、ユーザが誤ってこれらのメッセージの型名と同じメッセージを定義してしまうと、パッケージのビルド時にエラーが発生します。ビルドシステムはどちらのメッセージが指定されているのか理解できないためです。

注23 イタリアの数学者レオナルド・フィボナッチにちなんで名付けられた数です。最初の2項は0, 1であり、以後どの項もその直前の二つの項の和をとります。

54

ROS 2 では action という名前空間以下にメッセージとサービスの定義ファイル群が生成されるため、ユーザ定義のメッセージやサービスと名前が衝突することは起こりえません。

3-6-2　フィボナッチ数列のアクション実装

ROS 1 時代から、アクションの一番簡単な例として、フィボナッチ数列を返すアクションのサーバ、クライアントの実装が説明に使われてきました。ROS 2 でも同様にこの例題が使われています。

- https://github.com/ros2/demos/blob/jazzy/action_tutorials/action_tutorials_cpp/src/fibonacci_action_server.cpp
- https://github.com/ros2/demos/blob/jazzy/action_tutorials/action_tutorials_cpp/src/fibonacci_action_client.cpp

この例題のパッケージを少し整理して、アクションの実装方法を説明します。

~/get-started-ros2/src/action_tutorials_cpp/src/ fibonacci_action_server.cpp（抜粋）

アクションサーバは基本的に以下の三つの関数を実装する必要があります。

- 目標値の設定時に呼び出されるハンドラ
- アクションの実行開始時に呼び出されるハンドラ
- アクションのキャンセル時に呼び出されるハンドラ

二つ目のハンドラである handle_accepted では、実際にアクションを実行する実装部分 execute 関数で定義された内容を、スレッド実行するだけの実装です。アクションは返り値が返ってくるまでに時間がかかる処理を行うフィードバック付きのサービスです。このため、アクションの実行部分にスレッド実行を用いていないと、現在のスレッドの処理が行われている時間の間、止まってしまいます。そこで、handle_accepted ではスレッドを実行し、さらにそのスレッドの実行終了を待たないようにするため、std::thread::detach を呼んで、スレッドの実行管理を放棄する

第 3 章　ROS 2 の基本機能

ように設定しているわけです。

```cpp
class FibonacciActionServer : public rclcpp::Node
{
public:
  using Fibonacci = action_tutorials_interfaces::action::Fibonacci;
  using GoalHandleFibonacci = rclcpp_action::ServerGoalHandle<Fibonacci>;

  ACTION_TUTORIALS_CPP_PUBLIC
  explicit FibonacciActionServer(const rclcpp::NodeOptions & options = ⤸
rclcpp::NodeOptions())
  : Node("fibonacci_action_server", options)
  {
    using namespace std::placeholders;

    auto handle_goal = [this](
      const rclcpp_action::GoalUUID & uuid,
      std::shared_ptr<const Fibonacci::Goal> goal)
    {
      (void)uuid;
      RCLCPP_INFO(this->get_logger(), "Received goal request with ⤸
order %d", goal->order);
      // Fibonacciアクションはint32型で定義されているので、
          46より大きい値はオーバーフロー
      if (goal->order > 46) {
        return rclcpp_action::GoalResponse::REJECT;
      }
      return rclcpp_action::GoalResponse::ACCEPT_AND_EXECUTE;
    };

    auto handle_cancel = [this](
      const std::shared_ptr<GoalHandleFibonacci> goal_handle)
    {
      RCLCPP_INFO(this->get_logger(), "Received request to cancel goal");
      (void)goal_handle;
      return rclcpp_action::CancelResponse::ACCEPT;
    };

    auto handle_accepted = [this](
      const std::shared_ptr<GoalHandleFibonacci> goal_handle)
    {
```

56

```
      // 実行スレッドをexecuteメソッドの完了待ちまでブロックしないように
         スレッド実行
      auto execute_in_thread = [this, goal_handle]() {return ⤶
this->execute(goal_handle);};
      std::thread{execute_in_thread}.detach();
    };

  this->action_server_ = rclcpp_action::create_server<Fibonacci>(
    this,
    "fibonacci",
    handle_goal,
    handle_cancel,
    handle_accepted);
}

private:
  rclcpp_action::Server<Fibonacci>::SharedPtr action_server_;

  ACTION_TUTORIALS_CPP_LOCAL
  void execute(const std::shared_ptr<GoalHandleFibonacci> goal_handle)
  {
    RCLCPP_INFO(this->get_logger(), "Executing goal");
    rclcpp::Rate loop_rate(1);
    const auto goal = goal_handle->get_goal();
    auto feedback = std::make_shared<Fibonacci::Feedback>();
    auto & sequence = feedback->partial_sequence;
    sequence.push_back(0);
    sequence.push_back(1);
    auto result = std::make_shared<Fibonacci::Result>();

    for (int i = 1; (i < goal->order) && rclcpp::ok(); ++i) {
      // キャンセルリクエストの確認
      if (goal_handle->is_canceling()) {
        result->sequence = sequence;
        goal_handle->canceled(result);
        RCLCPP_INFO(this->get_logger(), "Goal canceled");
        return;
      }
      // フィボナッチ数列の更新
      sequence.push_back(sequence[i] + sequence[i - 1]);
      // フィードバック（フィボナッチ数列の途中経過）の送信
```

第3章 ROS 2 の基本機能

```
    goal_handle->publish_feedback(feedback);
    RCLCPP_INFO(this->get_logger(), "Publish feedback");

    loop_rate.sleep();
  }

  // 返り値（フィボナッチ数列）の送信
  if (rclcpp::ok()) {
    result->sequence = sequence;
    goal_handle->succeed(result);
    RCLCPP_INFO(this->get_logger(), "Goal succeeded");
  }
 }
}; // class FibonacciActionServer
```

~/get-started-ros2/src/action_tutorials_cpp/src/
fibonacci_action_client.cpp（抜粋）

　一方、アクションクライアントは基本的に以下の三つの関数を実装します。

・目標設定の受信コールバック関数
・実行結果の受信コールバック関数
・フィードバックの受信コールバック関数

　フィードバックの受信コールバック関数は、トピックのものと似ており、実行結果の受信コールバック関数はサービスレスポンスのものと似ています。先ほど説明したとおり、アクションはトピックとサービスの良いところ取りをしたメッセージ通信方法なのです。

```
class FibonacciActionClient : public rclcpp::Node
{
public:
  using Fibonacci = action_tutorials_interfaces::action::Fibonacci;
  using GoalHandleFibonacci = rclcpp_action::ClientGoalHandle<Fibonacci>;

  explicit FibonacciActionClient()
  : Node("fibonacci_action_client")
```

```cpp
  {
    this->client_ptr_ = rclcpp_action::create_client<Fibonacci>(
      this->get_node_base_interface(),
      this->get_node_graph_interface(),
      this->get_node_logging_interface(),
      this->get_node_waitables_interface(),
      "fibonacci");

    // 500ミリ秒後の一度だけsend_goal実行
    this->timer_ = this->create_wall_timer(
      std::chrono::milliseconds(500),
      [this]() {return this->send_goal();});
  }

  void send_goal()
  {
    using namespace std::placeholders;
    this->timer_->cancel();

    // アクションサーバの起動待ち
    if (!this->client_ptr_->wait_for_action_server(std::chrono::secon⮌
ds(10))) {
        RCLCPP_ERROR(this->get_logger(), "Action server not available ⮌
after waiting");
        rclcpp::shutdown();
        return;
    }

    // 目標値を10に設定
    auto goal_msg = Fibonacci::Goal();
    goal_msg.order = 10;

    // コールバックメソッドの登録
    RCLCPP_INFO(this->get_logger(), "Sending goal");
    auto send_goal_options = rclcpp_action::Client<Fibonacci>::⮌
SendGoalOptions();
    send_goal_options.goal_response_callback =
      std::bind(&FibonacciActionClient::goal_response_callback, this, _1);
    send_goal_options.feedback_callback =
      std::bind(&FibonacciActionClient::feedback_callback, this, _1, _2);
    send_goal_options.result_callback =
```

第 3 章　ROS 2 の基本機能

```cpp
    std::bind(&FibonacciActionClient::result_callback, this, _1);
  // 目標値のアクションサーバ送信
  this->client_ptr_->async_send_goal(goal_msg, send_goal_options);
}

private:
  rclcpp_action::Client<Fibonacci>::SharedPtr client_ptr_;
  rclcpp::TimerBase::SharedPtr timer_;

  // 目標設定の受信コールバック関数
  void goal_response_callback(
    std::shared_future<GoalHandleFibonacci::SharedPtr> future) {...}

  // フィードバックの受信コールバック関数
  void feedback_callback(
    GoalHandleFibonacci::SharedPtr,
    const std::shared_ptr<const Fibonacci::Feedback> feedback) {...}

  // 実行結果の受信コールバック関数
  void result_callback(
    const GoalHandleFibonacci::WrappedResult & result)
  {
    switch (result.code) {
      case rclcpp_action::ResultCode::SUCCEEDED:  // 成功
        break;
      case rclcpp_action::ResultCode::ABORTED:  // 失敗
        return;
      case rclcpp_action::ResultCode::CANCELED:  // キャンセル
        return;
      default:
        return;
    }

    // フィボナッチ数列の標準出力
    std::stringstream ss;
    ss << "Result received: ";
    for (auto number : result.result->sequence) {
      ss << number << " ";
    }
    RCLCPP_INFO(this->get_logger(), "%s", ss.str().c_str());
    rclcpp::shutdown();
```

60

```
    }
}; // class FibonacciActionClient
```

　最後にアクションサーバとクライアントをビルド、実行してみましょう。サービ
スとは違い、アクションサーバが送信したフィボナッチ数列の途中の計算結果も
フィードバックの形で受信できていることがわかります。そして計算が終わると、
最後にフィボナッチ数列が得られます。

■ターミナル1

```
$ colcon build --packages-select action_tutorials_cpp
$ source ~/get-started-ros2/install/setup.bash
$ ros2 run action_tutorials_cpp fibonacci_action_server
[INFO] [fibonacci_action_server]: Received goal request with order 10
[INFO] [fibonacci_action_server]: Executing goal
[INFO] [fibonacci_action_server]: Publish Feedback
[INFO] [fibonacci_action_server]: Publish Feedback
[INFO] [fibonacci_action_server]: Publish Feedback
[INFO] [fibonacci_action_server]: Publish Feedback
[INFO] [fibonacci_action_server]: Publish Feedback
[INFO] [fibonacci_action_server]: Publish Feedback
[INFO] [fibonacci_action_server]: Publish Feedback
[INFO] [fibonacci_action_server]: Publish Feedback
[INFO] [fibonacci_action_server]: Publish Feedback
[INFO] [fibonacci_action_server]: Goal Succeeded
```

■ターミナル2

```
$ source ~/get-started-ros2/install/setup.bash
$ ros2 run action_tutorials_cpp fibonacci_action_client
[INFO] [fibonacci_action_client]: Sending goal
[INFO] [fibonacci_action_client]: Goal accepted by server, waiting for ⏎
result
[INFO] [fibonacci_action_client]: Next number in sequence received: 1
[INFO] [fibonacci_action_client]: Next number in sequence received: 2
[INFO] [fibonacci_action_client]: Next number in sequence received: 3
[INFO] [fibonacci_action_client]: Next number in sequence received: 5
[INFO] [fibonacci_action_client]: Next number in sequence received: 8
[INFO] [fibonacci_action_client]: Next number in sequence received: 13
[INFO] [fibonacci_action_client]: Next number in sequence received: 21
[INFO] [fibonacci_action_client]: Next number in sequence received: 34
[INFO] [fibonacci_action_client]: Next number in sequence received: 55
```

```
[INFO] [fibonacci_action_client]: Result received
[INFO] [fibonacci_action_client]: 0 1 1 2 3 5 8 13 21 34 55
```

3-7 パラメータ

ROS 2 の基本機能の中で最後に紹介するのはパラメータです。パラメータは単純なデータ構造を読み込んだり、書き込んだりする用途に利用されます。ROS 1 ではパラメータはノード起動時に読み込んで設定する、静的な扱いが基本でした。それを動的に変更して反映させるには、常にパラメータの現在値を読み込んで変更を手動で検知するか、dynamic_reconfigure[注24] パッケージを使って、これに則った特殊な仕組みを使う必要がありました。

ROS 2 では、パラメータ設定は新たにサービスの機能を再利用する形で実装されています。パラメータ設定が行われると、コールバック関数が呼び出されるイベント駆動型プログラミングが標準的な枠組みでできるようになりました。これにより、dynamic_reconfigure パッケージのような特殊な仕組みを使わなくてもよくなりました。

ROS 1 ではパラメータサーバはネットワーク内に一つあるだけでしたが、ROS 2 では各ノードに一つずつ用意されました。これにともない、パラメータを使用する前にあらかじめパラメータ名と型を宣言しておく必要もあります。ROS 1 のときにパラメータをグローバル変数のような感覚で使っていた場合には、ROS 2 移行の際に注意が必要です。

図3-4 ノードA・B間のパラメータ取得・設定

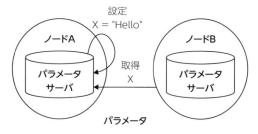

[注24] http://wiki.ros.org/dynamic_reconfigure

3-7-1 パラメータ取得・設定メソッド

まずは ROS 1 のように、パラメータ取得・設定メソッドを直接呼び出す形式を学びましょう。

~/get-started-ros2/src/hello_world/src/set_and_get_parameters.cpp (抜粋)

パラメータの取得・設定はサービスを通じて行い、そのクライアントが rclcpp::SyncParametersClient です。あらかじめパラメータ名を宣言する必要があるため、node->declare_parameter メソッドを呼び出し、foo、bar、baz というパラメータを宣言しています。

```cpp
int main(int argc, char ** argv)
{
  setvbuf(stdout, NULL, _IONBF, BUFSIZ);
  rclcpp::init(argc, argv);
  auto node = rclcpp::Node::make_shared("set_and_get_parameters");

  // パラメータの宣言
  node->declare_parameter("foo", rclcpp::PARAMETER_INTEGER);
  node->declare_parameter("bar", rclcpp::PARAMETER_STRING);
  node->declare_parameter("baz", rclcpp::PARAMETER_DOUBLE);

  // パラメータ設定・取得サービスのクライアント
  auto parameters_client = std::make_shared<
      rclcpp::SyncParametersClient>(node);
  // パラメータ設定・取得サービスの起動待ち
  while (!parameters_client->wait_for_service(1s)) {
    if (!rclcpp::ok()) {
      RCLCPP_ERROR(node->get_logger(), "Interrupted");
      return 0;
    }
    RCLCPP_INFO(node->get_logger(), "Waiting");
  }

  // パラメータの設定
  auto set_parameters_results = parameters_client->set_parameters({
    rclcpp::Parameter("foo", 2),
```

第3章 ROS 2の基本機能

```
    rclcpp::Parameter("bar", "hello"),
    rclcpp::Parameter("baz", 1.45),
  });
  // パラメータの設定成功の確認
  for (auto & result : set_parameters_results) {
    if (!result.successful) {
      RCLCPP_ERROR(node->get_logger(), "Failed: %s",
                   result.reason.c_str());
    }
  }


  std::stringstream ss;
  // パラメータの取得
  for (auto & parameter : parameters_client->get_parameters(
      {"foo", "bar", "baz"})) {
    // パラメータ名とパラメータの型名のロギング
    ss << "\nParameter name: " << parameter.get_name();
    ss << "\nParameter value (" << parameter.get_type_name()
      << "): " << parameter.value_to_string();
  }
  RCLCPP_INFO(node->get_logger(), ss.str().c_str());

  rclcpp::shutdown();
  return 0;
}
```

　rclcpp::SyncParametersClient の Sync という接頭語からもわかるように、この
クライアントはパラメータの取得・設定を同期処理で行います。Future パターンを
使った非同期処理を用いたい場合には、rclcpp::AsyncParametersClient を使いま
しょう。

3-7-2　パラメータ設定イベントのコールバック

　前述の方法では、実行中に何度もパラメータが変更される場合に、decoration が
たった1回しか変更されていないにもかかわらず、ノードの処理ループごとに毎回
パラメータを取得するため、非効率な実装になってしまいました。パラメータが書
き換わったときだけ呼び出されるパラメータ設定イベントのコールバック機能を

64

3-7 パラメータ

使って改善してみましょう。これは ROS 2 で導入された新機能です。

~/get-started-ros2/src/hello_world/src/talker_with_ service_param.cpp（抜粋）

decoration という文字列パラメータに装飾用の文字列が設定されると、受信した文字列をその装飾で前後を囲むようにしました。まず rclcpp::ParameterEventHandler でパラメータのイベント監視機能を有効化します。そして、add_parameter_callback メソッドを呼び出して decoration パラメータの更新コールバック関数を登録し、装飾文字列を上書きします。

```cpp
class Talker : public rclcpp::Node
{
public:
  explicit Talker(const std::string & topic_name)
  : Node("talker")
  {
...
    auto publish_message =
      [this]() -> void
      {
        // decorationによる文字列の装飾
        std::string decorated_data =
            decoration_ + msg_->data + decoration_;
        RCLCPP_INFO(this->get_logger(), "%s", decorated_data.c_str());
        pub_->publish(msg_);
    };
...
    // decorationパラメータの宣言
    decoration_ = declare_parameter("decoration", "");
    // decorationパラメータの監視
    param_subscriber_ = std::make_shared<
      rclcpp::ParameterEventHandler>(this);
    cb_handle_ = param_subscriber_->add_parameter_callback(
      "decoration", [this](const rclcpp::Parameter & p) {
        decoration_ = p.as_string();
      });
  }
```

3

ROS 2の基本機能

65

第3章　ROS 2の基本機能

```
private:
...
  std::shared_ptr<rclcpp::ParameterEventHandler> param_subscriber_;
  std::shared_ptr<rclcpp::ParameterCallbackHandle> cb_handle_;
  std::string data_;
  std::string decoration_;
};
```

　パラメータの設定には ros2 param set コマンドを使いましょう。talker を実行中に別ターミナルで decoration パラメータに a を設定すると、標準出力の文字列が Hello world! から aHello world!a に変わります。

■ターミナル1

```
$ source ~/getstarted-ros2/install/setup.bash
$ ros2 run hello_world talker_with_service_param
[INFO] [talker]: 'Hello world!'
[INFO] [talker]: 'Hello world!'
...
[WARN] [talker]: 'aHello world!a'
[WARN] [talker]: 'aHello world!a'
```

　図3-4で説明したように、ROS 2のパラメータサーバは各ノードで一つずつ持っています。そのため、ros2 param set の第1引数にノード名 talker を与えて、どのノードのパラメータかを決定する必要があります。

■ターミナル2

```
$ ros2 param set /talker decoration a
Set parameter successful
```

　ソースコード中の decoration_ = declare_parameter("decoration", ""); をコメントアウトするとどうなるか、試してみましょう。

■ターミナル2

```
$ ros2 param set /talker decoration a
Setting parameter failed: parameter 'decoration' cannot be set because ↵
it was not declared
```

3-7 パラメータ

「パラメータ 'decoration' は宣言されていないので、設定することができない」というエラーが返りました。このように、デフォルトのオプションではパラメータ宣言されていないパラメータの入出力に失敗します。

3-7-3 generate_prameter_libraryを使ったパラメータ宣言、取得、検証

ROS 2 のパラメータは ROS 1 の頃と比べて非常に高機能になったのですが、その分使いこなすのに一苦労するのも事実です。特に与えられたパラメータの値の検証機能を実装しようと思うと、どうしても冗長な記述となってしまいます。

そこで、generate_parameter_library の登場です。

● **generate_parameter_library**

https://github.com/PickNikRobotics/generate_parameter_library

このパッケージは YAML ファイルを使って、ROS 2 パラメータの宣言、取得、および検証のための C++ または Python のソースコードを自動生成します。例えば、RGB の 3 色の背景色を ROS 2 パラメータとして宣言するには、以下のようなYAML ファイルを記述することで実現できます。詳細には触れませんが、型宣言、初期値、説明文、値のとりうる範囲などの検証条件などが設定できます。

```
turtlesim:
  background:
    r:
      type: int
      default_value: 0
      description: "Red color value for the background, 8-bit"
      validation:
        bounds<>: [0, 255]
    g:
      type: int
      default_value: 0
      description: "Green color value for the background, 8-bit"
      validation:
        bounds<>: [0, 255]
```

67

第 3 章　ROS 2 の基本機能

```
  b:
    type: int
    default_value: 0
    description: "Blue color value for the background, 8-bit"
    validation:
      bounds<>: [0, 255]
```

　本章で取り上げた ROS 2 の基本機能を習得したあかつきには、ぜひ generate_
parameter_library も学んでみましょう。

第4章 ROS 2の応用機能

4-1 応用機能で学ぶこと

　前章を読み切ってROS 2の基本機能を習得された読者のみなさんは、すでに独自のROS 2アプリケーションを開発する基礎を押さえています。ただし、ROS 2を性能高く、安心安全に使いこなすには、知らなくてはならないことがまだたくさん残っています。

　本章ではそのために以下の項目を学びます。

・性能と安定性を高めるプログラミング形式
・複数ノードの起動手順の簡略化
・メッセージ通信機能の調整
・セキュリティ対策

　これらの応用機能を使いこなせるようになれば、あなたは立派なROS 2プログラミング中級者です。

4-2 コンポーネント指向プログラミング

　ROS 2 Dashing Diademataからは、ROS 2ノードのプログラミング形式として、コンポーネント指向プログラミングが本格的に採用されました。

　これまで説明してきたプログラミング形式は、**図4-1**左の従来のROS 2ノードプログラミング形式です。あるノードを定義するとき、そのノードクラスそのものに加えて、ノードクラスを初期化、実行するmain関数を定義する必要がありまし

た。こちらの方がROS 2初学者にとっては覚えることが少なく、理解しやすいと考え、前章の基本機能の説明ではこのプログラミング形式を採用しました。

それに対して、新しいROS 2コンポーネントプログラミング形式を**図4-1**右に示します。main関数を手入力で書いてノードを実行ファイルにするのではなく、共有ライブラリとしてコンポーネント化し、実行時にノード実行器を使ってコンポーネントを読み込みます。共有ライブラリのビルド設定が追加され、読み込むコマンドを覚える必要もあります。しかし、その分、高速化につながり、計算資源を大幅に削減する内部動作を実現できます。

図4-1 これまでと新しいROS 2プログラミング形式

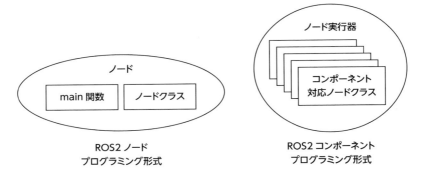

3-4-2項で説明したノード実行器を使ったプロセス内通信の仕組みは、このコンポーネント指向プログラミングの一部でした。再度、talker/listenerノードを完全にコンポーネントに対応する形で実装し直してみましょう。

4-2-1　コンポーネント対応版talkerの実装

3-4節で実装したtalker.cppをコンポーネント対応し、talker_component.cppという名前で実装します。

~/get-started-ros2/src/hello_world/src/talker_component.cpp（抜粋）

talker.cppとの違いは以下の5点です。

4-2 コンポーネント指向プログラミング

● **マルチOSに対応した共有ライブラリ生成の最適化**

共有ライブラリを生成するときに、そのサイズや読み込み時間を改善するマクロを挿入します。これは Unix だけでなく Windows にも対応しています[注1]。

● **コンストラクタ引数を NodeOptions に変更**

ノードの内部動作を変更する NodeOptions を持つコンストラクタを実装します。

● **クラスローダーにコンポーネントを登録**

ビルド時に生成される共有ライブラリを、ノード実行器の実行時に読み込むようにクラスローダーに登録します。

● **名前空間の設定**

必須ではありませんが、パッケージ名を名前空間として設定しておくことをおすすめします。共有ライブラリを読み込むとき、名前空間込みのライブラリ名を指定した方が間違いがないからです。

● **main 関数の削除**

別の手段でノードを実行するため、もはや main 関数は必要ありません。

```cpp
// 名前空間の設定
namespace hello_world
{

class TalkerComponent : public rclcpp::Node
{
public:
  // マルチOSに対応した共有ライブラリ生成の最適化
  // コンストラクタ引数をNodeOptionsに変更
  HELLO_WORLD_PUBLIC
  explicit TalkerComponent(const rclcpp::NodeOptions & options)
    : Node("talker_component", options)
  { /* 3-4節のTalkerと同じ */ }

private:
  std::shared_ptr<std_msgs::msg::String> msg_;
  rclcpp::Publisher<std_msgs::msg::String>::SharedPtr pub_;
  rclcpp::TimerBase::SharedPtr timer_;
};  // TalkerComponent
```

注1 https://gcc.gnu.org/wiki/Visibility

第4章 ROS 2の応用機能

```
}  // namespace hello_world

#include "rclcpp_components/register_node_macro.hpp"

// クラスローダーにコンポーネントを登録
RCLCPP_COMPONENTS_REGISTER_NODE(hello_world::TalkerComponent)
```

特に NodeOptions は地味ですが、重要な役割をします。例えば、コンストラクタに以下のように NodeOptions 変数を渡したとします。

```
auto node = make_shared<TalkerComponent>(
  rclcpp::NodeOptions().use_intra_process_comms(true));
```

すると、複数コンポーネントをノード実行器で実行する際に、DDS によるシリアライゼーション、ネットワーク通信を省略し、ノード間のメッセージ通信を単なる関数呼び出しに変更します。さらに、引数に渡されるメッセージはスマートポインタ[注2]の受け渡しだけになるため、ノード間をメモリのゼロコピーで接続することができます[注3]。これは処理速度の高速化と計算資源の大幅な節約になります。ROS 2特有の再利用性の高いノードプログラミング形式を維持しながら、通信ミドルウェアを介することによるオーバーヘッドを避けることができます。

ノード実行器を使って複数ノードを単一プロセスで実行するには、use_intra_process_comms(true) のように NodeOptions を有効化します。デフォルトは use_intra_process_comms(false) となっており、通信ミドルウェアによるメッセージ通信が有効化されます。

4-2-2 コンポーネント対応版 listener の実装

3-4 節で実装した listener.cpp をコンポーネント対応し、listener_component.cpp という名前で実装します。talker_component.cpp と変更点は同じであるため、

注2　スマートポインタはモダンC++の機能の一つです。スマートポインタはメモリを所有権という概念で管理を行います。その所有権を他のスマートポインタに渡したり、共同所有したりすることができます。

注3　さらにメモリ効率の良い実装を行うには、スマートポインタを使ったやや技巧的なプログラミングが必要になります。https://docs.ros.org/en/jazzy/Tutorials/Demos/Intra-Process-Communication.html

ソースコードの記載は省略します。

4-2-3　package.xmlとCMakeLists.txtの更新

コンポーネントを共有ライブラリとしてビルドして、クラスローダーに登録するために必要な記述を追加します。

~/get-started-ros2/src/hello_world/package.xml（抜粋）

```
...
<build_depend>rclcpp_components</build_depend>
...
<exec_depend>rclcpp_components</exec_depend>
...
```

~/get-started-ros2/src/hello_world/CMakeLists.txt（抜粋）

```
# コンポーネント設定の便利関数
function(custom_component target class_name)
  # クラスローダーへの共有ライブラリの登録
  rclcpp_components_register_node(${target}
    PLUGIN ${class_name}
    EXECUTABLE ${target})
  ament_target_dependencies(${target}
    "rclcpp"
    "rclcpp_components"
    "hello_world_msgs")
endfunction()

# 共有ライブラリの生成
custom_component(talker_component "hello_world::TalkerComponent")
custom_component(listener_component "hello_world::ListenerComponent")
```

あとは、これまでと同様にパッケージをビルドするだけです。

```
$ cd ~/get-started-ros2
$ colcon build --packages-select hello_world
```

第 4 章　ROS 2 の応用機能

4-2-4　コンポーネントの動的読み込み

それでは、生成されたコンポーネントの共有ライブラリを実行時に読み込んでみましょう。その前にコンポーネントを読み込むノード実行器を用意します。

```
$ ros2 run rclcpp_components component_container
```

component_container は単一スレッドのノード実行器 rclcpp::executors::SingleThreadedExecutor を用います。マルチスレッド実行したい場合には、component_container_mt を実行してください。

```
$ ros2 run rclcpp_components component_container_mt
```

ノード実行器にはこれ以外にもイベントキューを使う EventsExecutor があります。こちらは他のノード実行器よりも軽量で応答時間も高速であることが知られています。将来的には EventsExecutor がデフォルトのノード実行器になるかもしれません[注4]。

これでコンポーネントを読み込む容器（ノード実行器）ができました。次にこのノード実行器に共有ライブラリを読み込みます。コンポーネント関連の操作コマンドには ros2 component コマンドを用います。

```
$ ros2 component list
/ComponentManager
$ ros2 component load /ComponentManager hello_world \
    hello_world::TalkerComponent
Loaded component 1 into '/ComponentManager' container node as '/talker_⏎
component'
...
$ ros2 component load /ComponentManager hello_world \
    hello_world::ListenerComponent
Loaded component 1 into '/ComponentManager' container node as '/listener_⏎
component'
```

注4　https://discourse.ros.org/t/the-ros-2-c-executors/38296

74

最初に実行したコマンドでノード実行器のリストを取得します。デフォルトでは /ComponentManager というノード名が与えられています。

次に、この /ComponentManager に対し、共有ライブラリ hello_world:: TalkerComponent, hello_world::ListenerComponent を読み込んでいます。読み込みに成功すると、ノードのスピン[注5]も開始されます。

4-2-5 コンポーネントの解放

読み込んだコンポーネントを実行終了するには、ros2 component unload コマンドを用います。

```
$ ros2 component list
/ComponentManager
   1  /talker_component
   2  /listener_component
$ ros2 component unload /ComponentManager 1 2
Unloaded component 1 from '/ComponentManager' container
Unloaded component 2 from '/ComponentManager' container
```

4-3 Launchシステム

ROS 2 の Launch システムは、構成ファイルに記述した複数のノードの実行手順を参照して、そのとおりに起動する機能を提供します。実行時にそれらのノードに柔軟に実引数を与えることが可能で、どのノードをいつ、どんな条件で実行するかを厳密に記述できます。この Launch システムを使うことで、ROS 特有の再利用性の高いコンポーネント指向のプログラミングが実現されます。

ROS 1 でも roslaunch[注6] というツールが同じ機能を提供していますが、ROS 2 では構成や起動だけはなく、さらに各ノードの状態（4-4-1 項参照）を監視する機能も持ちます。各ノードの現在状態をユーザに知らせるだけでなく、ユーザの要望にしたがって状態を変更することもできます。

ROS 1 の roslaunch と大きく異なる点が、Launch システムの構成ファイルの記

注5　ROSノードの制御ループを回すことをスピンといいます。
注6　http://wiki.ros.org/roslaunch

第 4 章　ROS 2 の応用機能

述に XML ではなく、Python 言語が使われるようになったことです。roslaunch
ファイルを記述するときに、if 属性や unless 属性といった制御構文を使って起動
手順の分岐を行いたくなります。これが複数 roslaunch ファイルに分かれて入れ
子のように複雑になっていくと、複数ノードの全体構成像を把握することが難しく
なってきます。また、ちょっとした XML の文法間違いがあっただけでも、デバッグ
には XML のパーサーを介さないといけないため、原因の特定が難しくなってしま
います[注7]。つまり、roslaunch は以下に示すような普通のプログラミング言語に求め
るものと同じ問題を抱えていたわけです。

・制御構文を使いたい
・launch ファイルを複数に分割してインクルードしたい
・簡単にデバッグしたい

　それならマークアップ言語である XML ではなく、プログラミング言語である
Python を用いた方がよいはずです。そのため、ROS 2 では Launch システムに
Python が採用されました。
　ただ、Python の手続き型プログラミングより XML の宣言型プログラミングの方
が冗長性が少なく、ROS 1 ユーザにも馴染みがあるため、ROS 2 Foxy からは XML
や新しく YAML でも Launch システムを構成できるようになりました。本節の最後
に XML の例を紹介します。

4-3-1　talker/listener ノードの launch ファイル

　一番簡単な例から始めましょう。前章で実装した hello_world パッケージの
talker と listener ノードについて、個別に起動するのではなく、Launch システム
を使って起動する Python スクリプトを書きます。

~/get-started-ros2/src/hello_world/package.xml（抜粋）

　依存パッケージに Launch システムの Python モジュールである launch_ros を追
加します。

注7　よく起こる XML の文法間違いに XML タグの閉じ忘れがあるのですが、これが起こると roslaunch ファイ
ルの最終行に問題があるといわれるだけで、問題箇所の特定を難しくさせます。

76

```
<exec_depend>launch_ros</exec_depend>
```

~/get-started-ros2/src/hello_world/CMakefiles.txt (抜粋)

launch ディレクトリに保存された launch ファイルのインストール設定を行います。

```
install(DIRECTORY
  launch
  DESTINATION share/${PROJECT_NAME}/
)
```

~/get-started-ros2/src/hello_world/launch/talker_listener.launch.py (抜粋)

ノードの構成、起動手順を記述した launch ファイル本体です。ROS 1 の roslaunch ファイルを書いたことがある方には馴染みやすい記述かもしれません。launch_ros.actions.Node に起動したいノードの保存場所と起動手順を設定します。以下は、引数の説明です。

● package
　パッケージ名
● namespace
　ノードの名前空間 (省略すると / から始まる名前空間になります)
● executable
　ノードの実行ファイル名
● name
　実行中のノードの名前 (省略すると executable と同じになります。二つ以上同じ executable を実行したい場合に用います)
● output
　'screen' に指定すると標準出力にログを出力します。デフォルト値には 'log' が指定されており、ログファイルに出力します。

　これ以外にもノードの名前空間やパラメータを渡すことができます。次項でより詳しく説明します。

第4章　ROS 2 の応用機能

```python
def generate_launch_description():
    return LaunchDescription([
        launch_ros.actions.Node(
            package='hello_world', namespace='hello_world',
            executable='talker', name='talker',
            output='screen'),
        launch_ros.actions.Node(
            package='hello_world', namespace='hello_world',
            executable='listener', name='listener',
            output='screen'),
    ])
```

できあがった launch ファイルを使って talker/listener ノードを実行してみましょう。ビルドコマンド colcon build に --packages-select オプションをつけると列挙したパッケージだけをビルドすることができます。ビルド対象のパッケージが増えてきた際にご活用ください。

```
$ colcon build --packages-select hello_world
$ source ~/get-started-ros2/install/setup.bash
$ ros2 launch hello_world talker_listener.launch.py
[INFO] [launch]: process[talker-1]: started with pid [32423]
[INFO] [launch]: process[listener-2]: started with pid [32424]
[INFO] [talker]: Hello World!
[INFO] [talker]: Hello World!
[INFO] [listener]: Hello World!
[INFO] [talker]: Hello World!
[INFO] [listener]: Hello World!
...
```

ログに出力される pid [XXXXX] はプロセス ID です。実行環境によって番号は変わります。

4-3-2　パラメータを使う launch ファイル

次にパラメータを渡す launch ファイルの記述の仕方を見ていきます。ROS 1 の roslaunch では、同様の機能を提供する arg タグと param タグがありました。

4-3　Launch システム

● arg

　roslaunchlaunch ファイル自体に渡す引数

● param

　パラメータの値

　arg タグの値をコマンドラインから入力し、param タグの値に設定する、といったことを日常的に行っていました。ROS 2 はその仕組みが再構築され、以下の二つの定義に分かれました。

● launch.actions

　launch ファイルの動作の定義

● launch.substitutions

　launch ファイル実行時に決定する値の定義

　それぞれの機能を追加することで Launch システムを柔軟に拡張できるようになりました。なんだか紛らわしい仕組みにも思えますが、ROS 2 ノード以外の実行ファイルの呼び出しや環境変数の読み込み・設定など、ROS 2 以外の機能も取り込んでいくためにモジュール化が進んだ結果です。

~/get-started-ros2/src/hello_world/launch/talker_ listener_with_param.launch.py（抜粋）

　launch ファイルに現れる二つの新しい呼び出しはそれぞれ以下のような宣言と定義を行っています。

● launch.actions.DeclareLaunchArgument

　Launch システムのための変数宣言（ROS 1 でいうところのパラメータの値）

● launch.substitutions.LaunchConfiguration

　launch ファイルの引数定義（ROS 1 でいうところの roslaunch ファイル自体に渡す引数）

```
def generate_launch_description():
    decoration = launch.substitutions.LaunchConfiguration(
```

第4章　ROS 2の応用機能

```
        'decoration')

    return LaunchDescription([
        launch.actions.DeclareLaunchArgument(
            'decoration', default_value='',
            description='Message decoration string'),
        launch_ros.actions.Node(
            package='hello_world',
            node_executable='talker_with_service_param',
            node_name='talker', output='screen',
            parameters=[{'decoration': decoration}]),
        launch_ros.actions.Node(
            package='hello_world',
            node_executable='listener', output='screen'),
    ])
```

　できあがった launch ファイルを実行してみましょう。ros2 launch コマンドを使ってコマンドライン引数からパラメータを渡す場合には、decoration:=a のように :=記法でパラメータ名と値をつなぎます。

■ターミナル1

```
$ colcon build --packages-select hello_world
$ source ~/get-started-ros2/install/setup.bash
$ ros2 launch hello_world talker_listener_with_param.launch.py decoration:=a
```

　ターミナル1を実行中に、もう一つのターミナルで /talker ノードの decoration パラメータを取得してみましょう。たしかに launch ファイルで定義した a という文字列が設定されていることがわかります。

■ターミナル2

```
ros2 param get /talker decoration
String value is: a
```

4-3-3　パラメータファイルを使うlaunchファイル

　ROS 1と同様に、YAMLファイルで定義されたパラメータファイルを読み込んで launch.substitutions として扱う方法もあります。この方がノードの起動手順とパラメータ設定を分割できて、ノード数やパラメータ数が膨大になってきたときに、

80

launch ファイルの見通しが良くなります。

なお、今回のように launch ファイルの引数を利用しなければ、`launch.actions.DeclareLaunchArgument` は省略できます。

■ **~/get-started-ros2/src/hello_world/launch/params.yaml**

```yaml
talker:
  ros__parameters:
    decoration: "a"
```

■ **~/get-started-ros2/src/hello_world/launch/talker_listener_with_param_file.launch.py** (抜粋)

```python
def generate_launch_description():
    params_file = launch.substitutions.LaunchConfiguration(
        'params', default=[launch.substitutions.ThisLaunchFileDir(),
                           '/params.yaml'])

    return LaunchDescription([
        launch_ros.actions.Node(
            package='hello_world', namespace='hello_world',
            executable='talker_with_service_param',
            name='talker', output='screen',
            parameters=[params_file]),
        launch_ros.actions.Node(
            package='hello_world', namespace='hello_world',
            executable='listener', name='listener',
            output='screen'),
    ])
```

これ以外にも Launch システムはたくさんの機能があります。興味がある方は Launch システムの設計文書にも目を通してみてください[注8]。実践的な launch ファイルの記述例は、navigation2 パッケージのリポジトリが非常に参考になります。

● **navigation2/nav2_bringup/launch**

https://github.com/ros-planning/navigation2/tree/main/nav2_bringup/launch

---

注8 https://github.com/ros2/launch/blob/master/launch/doc/source/architecture.rst

第 4 章　ROS 2 の応用機能

4-3-4　XML形式のlaunchファイル

最後に Python 形式ではない launch ファイルの記述形式の一つである XML 形式を少しだけ紹介します。ここでは前章で学んだコンポーネント版 talker と listener を題材にします。

~/get-started-ros2/src/hello_world/launch/talker_listener.yaml

コンポーネント版 talker と listener をノード実行器で実行するための最小限の launch ファイルです。ROS 1 の launch ファイルを知っている方には目新しい node_container と composable_node タグが書かれています。前者はノード実行器、後者はコンポーネント版ノードを記述するために用います。

```xml
<?xml version="1.0"?>
<launch>
  <node_container pkg="rclcpp_components"
                  exec="component_container_mt"
                  name="talker_listener"
                  namespace="hello_world">
    <composable_node pkg="hello_world"
                     plugin="hello_world::TalkerComponent"
                     name="talker_component"
                     namespace="hello_world" />
    <composable_node pkg="hello_world"
                     plugin="hello_world::ListenerComponent"
                     name="listener_component"
                     namespace="hello_world" />
  </node_container>
</launch>
```

Python はプログラミング言語であり、命令記述的に書く必要があるため、どうしても冗長な記述になりがちです。しかし、XML はマークアップ言語であり、宣言記述的に書くため、launch ファイルを短く簡潔に書くことができます。複雑な初期化や前処理をしたい場合には Python 形式を、そうでない場合は XML 形式を使うことをおすすめします。

82

launch ファイルの形式に Python と XML 以外に YAML 形式もあります。興味が
ある方は以下の記事を参照してください。

● **Using Python, XML, and YAML for ROS 2 Launch Files**

https://docs.ros.org/en/jazzy/How-To-Guides/Launch-file-different-
formats.html

4-4　ライフサイクル

ROS 2 アプリケーションをより柔軟に制御するため、ROS 2 ノードにはライフサ
イクルが導入されました。これにより、ノード同士の実行開始、接続順序の厳密な
制御と正しい起動が可能になります。これは、ROS 1 でよく問題になる部分でした。
　一番重要なコンセプトは、ライフサイクルの状態遷移に沿って実行できれば、そ
れ以外の部分（つまり状態の内部実装）は完全にブラックボックスにできることに
あります。サードパーティが開発した ROS 2 ノードの詳細な実装を知らなくても、
ライフサイクルを制御するだけで使いこなすことができるようになるわけです。さ
らに、ライフサイクルの現在状態は外部ノードから状態遷移トピックとして取得で
きます。状態遷移を変更するためのサービスも提供されており、外部ノードから能
動的にノードの状態を制御できます。
　ライフサイクルといえば概ねこのような形式になるのでしょうが、OpenRTM の
アクティビティの考え方[注9]と非常に似通っています。

4-4-1　ライフサイクルの状態遷移

　ノードのライフサイクルには四つの主要状態と六つの中間状態があります。**図
4-2** の灰色の四角形で表しているものが主要状態、白色が中間状態です。中間状態
とは主要状態間を遷移中であることを表します。

注9　https://openrtm.org/openrtm/ja/content/rtコンポーネントアーキテクチャ

図 4-2 ライフサイクルの状態遷移図

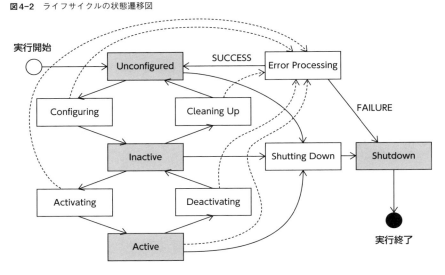

　主要状態を変更するには外部からの呼び出しが必要です。状態遷移は以下のルールで発生します。

- 主要状態から中間状態を経由して矢印の先にある次の主要状態に遷移できれば、状態遷移は成功です。
- 状態遷移中に失敗が発生すると、矢印の逆方向の元の主要状態に戻されます。
- 失敗とは別に、エラー（捕捉されない例外）を検出すると、Error Processing 状態に遷移します（**図 4-2** 中の点線矢印）。Error Processing に成功すると Unconfigured に戻り、失敗すると Shutdown に移り実行終了します。
- 主要状態の中では唯一、Active 状態からのエラー検出時のみ自動で Error Processing 状態に遷移します。

4-4-2　主要状態

　ライフサイクルの四つの主要状態は、それぞれ**表 4-1** の状態を表します。

表4-1 ライフサイクルの主要状態

状態	説明
Unconfigured	初期化前
Inactive	スピン停止状態
Active	スピン状態
Shutdown	終了処理後

● **Unconfigured**

ノードの起動後、すぐに遷移する状態です。ノードの初期化が終わっていません。エラー処理が終わった後にも、この状態に戻ります。

● **Inactive**

ノードが何も処理を行っていない状態です。ノードのパラメータを変えたり、トピックの Publisher/Subscriber 構成を変えたりするために、ノードを（再）Unconfigured 状態にさせるために用いられます。この状態では、トピックやサービスリクエストが届いても、読み込み、データ処理、サービスレスポンスといったことはできません。QoS ポリシーにしたがい、これらのトピックやサービスリクエストは保留されます。

● **Active**

ノードのメインとなる状態です。この状態では、トピックの送受信、サービスのレスポンス、データ処理が行われます。もし、ノードもしくはシステムで解決できないエラーを検出した場合、自動的に Error Processing 状態に遷移します。

● **Shutdown**

ノードが破棄される直前に遷移する状態です。この状態からは実行終了以外に、他の状態へ遷移することはできません。この状態は、デバッグや自己診断のためにあります。ノードの破棄は可視化できます。

4-4-3　中間状態

ライフサイクルの六つの中間状態は、それぞれ**表 4-2** の状態を表します。

第4章　ROS 2の応用機能

表4-2　ライフサイクルの中間状態

中間状態	説明
Configuring	初期化中
Cleaning Up	再初期化中
Shutting Down	終了処理中
Activating	スピン状態へ移行中
Deactivating	スピン停止状態へ移行中
Error Processing	エラー処理中

中間状態に遷移するときに、ユーザ定義のイベントハンドラ（状態遷移イベントを処理するコールバックメソッド）が呼び出されます。

4-4-4　ライフサイクル対応talker実装

ROS 1の簡単なトピック送信ノードのサンプルコードでは、main関数にwhileループを直に書いてトピック送信することが多かったと思います。しかし、ライフサイクルを実現するROS 2ノードでは、状態遷移時に呼び出されるコールバックメソッドを実装する必要があります。そのインタフェースを提供しているのが、rclcpp_lifecycle::LifecycleNodeクラスです。

前章で実装した文字列トピック送信を行うtalkerノードのライフサイクル対応版を見ると、on_configure()のように、on_状態名のメソッドが並んでいます。

https://github.com/ros2/demos/blob/jazzy/lifecycle/src/lifecycle_talker.cpp

これらが状態遷移時に呼び出されるコールバックメソッドです。クラスの関連するメソッド宣言だけ抜き出しました。

```
class LifecycleTalker : public rclcpp_lifecycle::LifecycleNode
{
public:
...
  // 状態遷移の返り値CallbackReturnエイリアスの作成（可読性のため筆者が追記）
  using CallbackReturn = rclcpp_lifecycle::node_interfaces
    ::LifecycleNodeInterface::CallbackReturn;
```

```
// 初期化時に呼び出されるコールバックメソッド
CallbackReturn on_configure(const rclcpp_lifecycle::State & state);
// スピン状態へ移行時に呼び出されるコールバックメソッド
CallbackReturn on_activate(const rclcpp_lifecycle::State & state);
// スピン停止状態へ移行時に呼び出されるコールバックメソッド
CallbackReturn on_deactivate(const rclcpp_lifecycle::State & state);
// 再初期化時に呼び出されるコールバックメソッド
CallbackReturn on_cleanup(const rclcpp_lifecycle::State & state);
// 終了処理時に呼び出されるコールバックメソッド
CallbackReturn on_shutdown(const rclcpp_lifecycle::State & state);
// エラー処理時に呼び出されるコールバックメソッド（LifecycleTalkerにはない）
// CallbackReturn on_error(const rclcpp_lifecycle::State & state);
...
}
```

どのコールバックメソッドも一つ前の状態を引数に、実行結果を返り値にとります。返り値 CallbackReturn は以下に示す 3 値です。lifecycle_msgs/Transition 型のメッセージで定義されていることが読みとれます。図 4-2 に基づき、返り値によって次にどの状態に遷移するかが決まります。

```
enum class CallbackReturn : uint8_t
{
  SUCCESS =  // 成功
    lifecycle_msgs::msg::Transition::TRANSITION_CALLBACK_SUCCESS,
  FAILURE =  // 失敗
    lifecycle_msgs::msg::Transition::TRANSITION_CALLBACK_FAILURE,
  ERROR =  // 捕捉されない例外発生
    lifecycle_msgs::msg::Transition::TRANSITION_CALLBACK_ERROR
};
```

4-4-5　ライフサイクル対応 listener 実装

前章で実装した文字列トピック受信を行う listener ノードのライフサイクル対応版を見ると、ライフサイクルの受信側は、これまでどおり rclcpp::Node を使って実装しています。

第 4 章　ROS 2 の応用機能

● **ros2/demos**

https://github.com/ros2/demos/blob/jazzy/lifecycle/src/lifecycle_
listener.cpp

```cpp
class LifecycleListener : public rclcpp::Node
{
public:
  explicit LifecycleListener(const std::string & node_name)
  : Node(node_name)
  {
    // lifecycle_chatterトピックの受信設定
    sub_data_ = this->create_subscription<std_msgs::msg::String>(
      "lifecycle_chatter", 10,
      std::bind(&LifecycleListener::data_callback, this,
              std::placeholders::_1));

    // lc_talkerノードの状態遷移トピックの受信設定
    sub_notification_ = this->create_subscription<
      lifecycle_msgs::msg::TransitionEvent>(
        "/lc_talker/transition_event", 10,
        std::bind(&LifecycleListener::notification_callback, this,
                std::placeholders::_1));
  }

  void data_callback(const std_msgs::msg::String::ConstSharedPtr msg) {...}

  void notification_callback(
    const lifecycle_msgs::msg::TransitionEvent::ConstSharedPtr msg) {...}

private:
  std::shared_ptr<rclcpp::Subscription<std_msgs::msg::String>>
    sub_data_;
  std::shared_ptr<rclcpp::Subscription<
    lifecycle_msgs::msg::TransitionEvent>> sub_notification_;
};
```

　data_callback() メソッドは、トピック受信時に呼び出されるコールバックメ
ソッドです。もう一つの notification_callback() メソッドは ROS 2 特有のコール
バックメソッドで、ノードのライフサイクルの変化をトピックとして扱い、これを

受信したときに呼び出されます。

トピックのメッセージの型は前項で説明した lifecycle_msgs::msg::
TransitionEvent です。これをコールバックメソッドで監視することで、例えば以下
のようにノードを起動する順序関係を制御できます。

1 カメラ出力ノード A が Active 状態に遷移した後
2 画像処理ノード B は Unconfigured 状態から Active 状態に遷移する

ROS 1 では、このノードのライフサイクルという考え方がなかったため、ノード
A が起動し終わるまで、ノード B の起動は少しスリープを挟んで待つ、というよう
な場当たり的な制御しかできませんでした。

4-4-6 外部ノードからのライフサイクル制御

ライフサイクルは外部ノードからサービスを通じて制御することもできます。4-4-
4 項のライフサイクルに対応した talker を制御できます。以下のコードのライフサ
イクルの状態取得と状態制御を行う部分だけ抜き出します。

● **demos/lifecycle/src/lifecycle_listener.cpp**

https://github.com/ros2/demos/blob/jazzy/lifecycle/src/lifecycle_
service_client.cpp

```
// サービスのエイリアスの作成（可読性のため筆者が追記）
using srv = lifecycle_msgs::srv;

void init()
{
  // サービスクライアント設定
  client_get_state_ = this->create_client<srv::GetState>(
    node_get_state_topic);
  client_change_state_ = this->create_client<srv::ChangeState>(
    node_change_state_topic);
}

// ライフサイクルの状態取得サービスのコールバックメソッド
```

第 4 章 ROS 2 の応用機能

```cpp
unsigned int get_state(std::chrono::seconds time_out = 3s)
{
  auto request = std::make_shared<srv::GetState::Request>();
...
  auto future_result = client_get_state_
    ->async_send_request(request).future.share();
...
  if (future_result.get()) {
    // 状態取得の成功
    RCLCPP_INFO(
      get_logger(), "Node %s has current state %s.",
      lifecycle_node, future_result.get()->current_state.label.c_str());
    return future_result.get()->current_state.id;
  } else { /* 状態取得の失敗 */ }
}
...
// ライフサイクルの状態制御サービスのコールバックメソッド
bool change_state(std::uint8_t transition,
                  std::chrono::seconds time_out = 3s)
{
  auto request = std::make_shared<srv::ChangeState::Request>();
  // 状態遷移先の設定
  request->transition.id = transition;
...
  auto future_result = client_change_state_
    ->async_send_request(request).future.share();
...
}
```

4-4-7 動作確認

前項までに説明したライフサイクルに対応した talker/listener（ここでは lc_talker と lc_listener）と外部からノードのライフサイクルを制御するサービスクライアント（lc_client）を実行してみましょう。launch ファイルを使えば、三つのノードを同時に実行できます。

```
$ ros2 launch lifecycle lifecycle_demo.launch.py
[INFO] [launch]: process[lifecycle_talker-1]: started with pid [4065]
[INFO] [launch]: process[lifecycle_listener-2]: started with pid [4066]
```

```
[INFO] [launch]: process[lifecycle_service_client-3]: started with pid ☒
[4067]
[INFO] [lc_talker]: on_configure() is called.
[INFO] [lc_client]: Transition 1 successfully triggered.
[INFO] [lc_listener]: notify callback: Transition from state ☒
unconfigured to configuring
[INFO] [lc_listener]: notify callback: Transition from state configuring ☒
to inactive
[INFO] [lc_client]: Node lc_talker has current state inactive.
[INFO] [lc_talker]: Lifecycle publisher is currently inactive. Messages ☒
are not published.
[WARN] [LifecyclePublisher]: Trying to publish message on the topic '/☒
lifecycle_chatter', but the publisher is not activated
...
[INFO] [lc_talker]: on_activate() is called.
[INFO] [lc_listener]: notify callback: Transition from state inactive to ☒
activating
[INFO] [lc_talker]: Lifecycle publisher is active. Publishing: ☒
[Lifecycle HelloWorld #11]
[INFO] [lc_listener]: notify callback: Transition from state activating ☒
to active
[INFO] [lc_listener]: data_callback: Lifecycle HelloWorld #11
[INFO] [lc_client]: Transition 3 successfully triggered.
[INFO] [lc_client]: Node lc_talker has current state active.
[INFO] [lc_talker]: Lifecycle publisher is active. Publishing: ☒
[Lifecycle HelloWorld #12]
...
```

ログの全体の流れは以下のとおりです。ポイントは 2 番目の Inactive 状態では
メッセージ送信が保留される点です。

1　lc_client が lc_talker の状態を Unconfigured から Inactive に変更します。
2　lc_talker は Inactive 状態なので、トピック送信を保留します。
3　lc_client が lc_talker の状態を Inactive から Active に変更します。
4　lc_talker は Active 状態なので、トピック送信に成功します。
5　…

第 4 章　ROS 2 の応用機能

4-5 Quality of Service (QoS)

1-4-4 項でも取り上げたように、ROS 2 で採用された通信ミドルウェア DDS には QoS（Quality of Service）という新しい考え方が導入されています。QoS はいくつかのパラメータ（QoS ポリシーと呼びます）を使って通信の信頼性を制御します。受信側が確実に受け取ることを保証したければ、DDS が TCP のように振る舞うように QoS ポリシーを調整します。リアルタイムな応答速度を考慮するのであれば UDP のように調整します。通信の欠損を許すような通信制御にも対応できます。

4-5-1 QoS ポリシー

ROS 2 には以下の 8 種類の QoS ポリシーが用意されています[注10]。Deadline 以下の 4 種類は ROS 2 Foxy から追加された新しいポリシーです。

表4-3　History ポリシー

値	説明
Keep last	過去 N 個分のサンプルをキューに保存します。Depth ポリシーで N を制御します。
Keep all	DDS ミドルウェアのリソース最大制限まですべてのサンプルをキューに保存します。

表4-4　Depth ポリシー

値	説明
整数	History ポリシーのキューにどれだけ保存するかを設定します。

表4-5　Reliability ポリシー

値	説明
Best effort	サンプルを配信しますが、ネットワークが不安定な場合、欠損する可能性があります。
Reliable	サンプルが配信されることを保証します。このため、複数回リトライが起こるかもしれません。

表4-6　Durability ポリシー

値	説明
Transient local	遅いタイミングで Subscribe した相手に配信するために、Publish 時に最後のサンプルを保持しておきます。ROS 1 の latched topic[注11] と同じ働きをします。
Volatile	サンプルは保持されません。

注10　DDS 標準には 20 程度の QoS ポリシーがありますが、ROS 2 が対応するのはその一部です。

注11　http://wiki.ros.org/roscpp/Overview/Publishers%20and%20Subscribers

表4-7 Deadlineポリシー

値	説明
時間	次のメッセージが送信されるまでの最大予想時間を設定します。デフォルト値は無限に設定されています。

表4-8 Lifespanポリシー

値	説明
時間	メッセージが送信されてから受信されるまでに、そのメッセージが古くなったり期限切れになったりしない最大時間を設定します。期限切れのメッセージは暗黙的に削除され、事実上受信されません。

表4-9 Livelinessポリシー

値	説明
Automatic	ノードのある Publisher がメッセージを送信した場合、システムはそのノードのすべての Publisher が次の期間まで正常状態であるとみなします。期間は Lease Duration ポリシーで制御します。
Manual by topic	ノードのある Publisher がメッセージを送信した場合、システムはその Publisher が次の期間まで正常状態であるとみなします。期間は Lease Duration ポリシーで制御します。

表4-10 Lease Durationポリシー

値	説明
時間	Liveliness ポリシーで参照する期間を設定します。システムが Publisher が異常状態とみなすまでの、Publisher が正常状態であることを示す最大期間を表します。

4-5-2 QoSプロファイル

上記 QoS ポリシーを毎回すべて設定するのは困難です。ROS 2 ではあらかじめ、代表的なユースケースに沿ってデフォルトの QoS ポリシーの値を設定した QoS プロファイルを提供しています。

● **Default**

ROS 1 のデフォルト設定の Publisher/Subscriber 通信とほぼ同じ QoS ポリシーです。

● **Services**

Default と違って Volatile の持続性になり、過去のサンプルは保持されません。サービスはリクエスト・レスポンス形式の呼び出しであるため、期限切れのリクエストに返答することは好ましくありません。

第4章　ROS 2 の応用機能

● **Sensor data**

　センサーデータは、すべてのデータが送受信されることよりも、時刻（タイムスタンプ）に対して厳密でなくてはなりません。そのため、Best effort の信頼性で、小さいキューサイズに設定されます。

● **System default**

　すべての QoS ポリシーにシステム初期値を用います。

　実際の QoS プロファイルの実装は以下のヘッダーファイルに記述されています。

● **rmw/rmw/include/rmw/qos_profiles.h**

　https://github.com/ros2/rmw/blob/jazzy/rmw/include/rmw/qos_profiles.h

4-5-3　QoS 互換性

　QoS プロファイルは送信側、受信側の両方に設定しなくてはなりません。両者の接続は、お互いの QoS プロファイルに互換性があると認められた場合のみ成功します。基本的なルールは受信側の QoS プロファイルの方が、送信側の QoS プロファイルより厳しくなければ互換性があると判断されます。送信側は提供できる最大限のポリシーを設定し、受信側は受け入れられる最小限のポリシーを設定することが期待されます。

表4-11　Reliability ポリシーの接続互換性

送信側	受信側	接続可否	値
Best effort	Best effort	可能	Best effort
Best effort	Reliable	不可能	-
Reliable	Best effort	可能	Best effort
Reliable	Reliable	可能	Reliable

　ROS 2 の通信では、Best effort 品質で送信されたトピックを Reliable 品質で受信しようとして、一向に受信できないという問題がよくあります（**表 4-11**）。

表4-12 Durabilityポリシーの接続互換性

送信側	受信側	接続可否	値
Volatile	Volatile	可能	Volatile
Volatile	Transient local	不可能	-
Transient local	Volatile	可能	Volatile
Transient local	Transient local	可能	Transient local

ROS 1の latched topic を実現するには、送受信の両方が Transient local 品質に設定されることが求められます（**表4-12**）。

表4-13 Deadlineポリシーの接続互換性（xはある時間を表す変数）

送信側	受信側	接続可否
デフォルト値	デフォルト値	可能
デフォルト値	x	不可能
x	デフォルト値	可能
x	x	可能
x	x より大きい値	可能
x	x より小さい値	不可能

表4-14 Livelinessポリシーの接続互換性

送信側	受信側	接続可否
Automatic	Automatic	可能
Automatic	Manual by topic	不可能
Manual by topic	Automatic	可能
Manual by topic	Manual by topic	可能

表4-15 Lease Durationポリシーの接続互換性（xはある時間を表す変数）

送信側	受信側	接続可否
デフォルト値	デフォルト値	可能
デフォルト値	x	不可能
x	デフォルト値	可能
x	x	可能
x	x より大きい値	可能
x	x より小さい値	不可能

rclcpp::MatchedInfo を使ってプログラム上から送受信の QoS が接続可能かどうかを判別することが可能です。rclcpp::MatchedInfo は送信側と受信側の接続が確

第4章　ROS 2 の応用機能

立されたとき（つまり QoS に互換性があるとき）に発行されます。発行されたタイミングの合計の接続数と変化した接続数を見ることで接続の確立を判別します。

● **demos/demo_nodes_cpp/src/events/matched_event_detect.cpp**

https://github.com/ros2/demos/blob/jazzy/demo_nodes_cpp/src/events/
matched_event_detect.cpp

4-5-4　通常環境下でのトピック送受信例

QoS の動作検証は、ROS 2 が提供するチュートリアルに沿って進めるのがわかりやすいです。擬似的に通信ネットワーク内でパケットロスを発生させ、その環境下で画像トピックを送受信します。画像トピックは他のメッセージに比べてサイズが大きいため、QoS の効果が如実に現れます。

● **Using quality-of-service settings for lossy networks**

https://docs.ros.org/en/jazzy/Tutorials/Demos/Quality-of-Service.html

まず本節で実行するノード cam2image と showimage を以下のコマンドでインストールしましょう。

```
$ sudo apt install ros-$ROS_DISTRO-image-tools
```

二つのノードの役割は以下のとおりです。

cam2image

カメラ画像（もしくはダミー画像）をトピックとして送信します。

```
$ ros2 run image_tools cam2image -h
Usage: cam2image [-h] [--ros-args [-p param:=value] ...]
Publish images from a camera stream.
Example: ros2 run image_tools cam2image --ros-args -p reliability:=best_↵
effort

Parameters:
```

96

4-5 Quality of Service (QoS)

```
reliability    Reliability QoS setting. Either 'reliable' (default) or
               'best_effort'
history        History QoS setting. Either 'keep_last' (default) or
               'keep_all'. If 'keep_last', then up to N samples are
               stored where N is the depth
depth          Depth of the publisher queue. Only honored if history
               QoS is 'keep_last'. Default value is 10
frequency      Publish frequency in Hz. Default value is 30
burger_mode    Produce images of burgers rather than connecting to a ⏎
camera
show_camera    Show camera stream. Either 'true' or 'false' (default)
device_id      Device ID of the camera. 0 (default) selects the default
               camera device.
width          Width component of the camera stream resolution. Default
               value is 320
height         Height component of the camera stream resolution. Default
               value is 240
frame_id       ID of the sensor frame. Default value is
               'camera_frame'
```

showimage

画像トピックを受信して、その画像をウィンドウに表示します。

```
$ Usage: showimage [-h] [--ros-args [-p param:=value] ...]
Subscribe to an image topic and show the images.
Example: ros2 run image_tools showimage --ros-args -p reliability:=best_⏎
effort

Parameters:
  reliability    Reliability QoS setting. Either 'reliable' (default) or
                 'best_effort'
  history        History QoS setting. Either 'keep_last' (default) or
                 'keep_all'. If 'keep_last', then up to N samples are
                 stored where N is the depth
  depth          Depth of the publisher queue. Only honored if history QoS
                 is 'keep_last'. Default value is 10
  show_image     Show the image. Either 'true' (default) or 'false'
  window_name    Name of the display window. Default value is the topic name
```

第 4 章　ROS 2 の応用機能

　それぞれのコマンドには、QoS を制御するオプションがあり、それらを変更することで、QoS の効果を見ることができます。
　cam2image, showimage を実行してみましょう。まずは送受信ともに QoS ポリシーを以下に示すように設定して実行します。

・Reliability ポリシーは Reliable
・History ポリシーは Keep all

　実行すると**図 4-3**のような複数のハンバーガーが縦横無尽に移動していくディスプレイが表示されます。左が cam2image の表示、右が showimage の表示です。現在は、通信ネットワークにパケットロスがないので、左右のディスプレイで動きに違いがほとんどないと思います。

■ターミナル 1

```
$ ros2 run image_tools cam2image --ros-args \
   -p burger_mode:=True -p reliability:=reliable -p history:=keep_all
```

■ターミナル 2

```
$ ros2 run image_tools showimage --ros-args \
   -p reliability:=reliable -p history:=keep_all
```

図 4-3　cam2image と showimage の実行

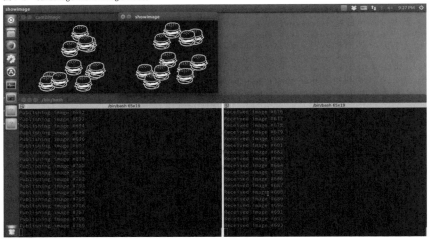

4-5-5　パケットロス環境下でのトピック送受信例

　次に、前項のターミナルをそのままにして、別のターミナルで tc qdisc[注12] コマンドを使って、擬似的にパケットロスを発生させます。

■ターミナル3

```
$ sudo tc qdisc add dev lo root netem loss 5%
```

　これは5%の確率でパケットロスを起こさせることを意味します。5%というと小さく感じるかもしれませんが、これだけでもパケットロスが起こると画像トピックの受信が滞ります。showimage のディスプレイは通信速度の劣悪な環境下でオンライン動画を見ているような、カクカクした描画になってしまいます。

　そこで、cam2image, showimage の QoS ポリシーを以下に変更して、実行し直してみましょう。

・Reliability ポリシーは Best effort
・History ポリシーは Keep last
・Depth ポリシーは 1

■ターミナル1

```
$ ros2 run image_tools cam2image --ros-args \
    -p burger_mode:=True -p reliability:=best_effort \
    -p history:=keep_last \
    -p depth:=1
```

■ターミナル2

```
$ ros2 run image_tools showimage --ros-args \
    -p reliability:=best_effort -p history:=keep_last -p depth:=1
```

　送受信の滞りが解消されて、showimage によるディスプレイへの描画は所々断続的になりますが、それでもカクカクするような描画ではなくなったはずです。所々断続的になるのは、History ポリシーが Keep last なので、通信に失敗したメッセージを破棄しているためです。文章ではカクカクする描画の想像が難しいかもしれません。その場合には、各自で上記の内容を実験してもらうか、筆者が YouTube に

注12　https://linux.die.net/man/8/tc

第4章 ROS 2の応用機能

アップロードした実行結果のスクリーンキャプチャ動画でご確認ください。

● Test of ROS 2 QoS (Quality of Service)

https://youtu.be/akGU1SBx078

センサーノードの場合、過去のセンシング結果が返ってくるのは逆効果です。た
とえ断続的であっても、ネットワークが滞ることなくタイムスタンプの正しく反映
されたトピックを受信できることは、特にWi-Fi環境下のような実環境で動く移動
ロボットシステムを構築するうえで重要になってきます。

4-6 RMW実装の変更

1-5-4項でも説明したように、ROS 2には通信を司るミドルウェア層rmwがあり、
この部分の実装は、ビルド時ではなく実行時に変更できるようになっています。こ
れにより、例えば開発時はオープンソースソフトウェア実装のDDSベンダー実装
を使い、実環境での運用時はカスタマーサポートも充実した商用実装のDDSベン
ダー実装を使うといったことができます。

ROS 2がフルサポートしているDDSベンダー実装は以下の三つです。

表4-16 DDSベンダー実装

製品名	ライセンス	ミドルウェア名	備考
eProsima製 Fast DDS[注13]	Apache 2.0 License	rmw_fastrtps_cpp	ROS 2 Jazzy のデフォルト設定
Eclipse製 Cyclone DDS[注14]	Eclipse Public License	rmw_cyclonedds_cpp	
RTI製Connext[注15]	商用、研究用	rmw_connextdds	ライセンス設定が別途必要

開発時はFast DDSを使えば、基本的に問題ありません。ROS 2のセットアッ
プを行えば、Fast DDSは自動的にインストールされます。この他にもさまざまな
DDSベンダー実装がありますが、開発が中断していたり、ROS 2のフルサポートが
受けられなかったりするためおすすめしません。

注13 https://www.eprosima.com/index.php/products-all/eprosima-fast-dds
注14 https://cyclonedds.io
注15 https://www.rti.com/products/connext-professional

以下では、DDS ベンダー実装を ROS 2 デフォルトの Fast DDS から商用利用にも対応した Connext に切り替える例を紹介します。

4-6-1 RTI製 Connext のインストール

ROS 2 デフォルトの Fast DDS ではなく Connext を使いたい場合には、ROS 2 をインストールした後に apt コマンドを使って以下のように追加でインストールします。

```
$ sudo apt install ros-$ROS_DISTRO-rmw-connextdds
```

実際に Connext を利用するには、別途ライセンスの設定を行う必要があります。ライセンスは Web ページからダウンロードできます。

● **Try Connext for Free**

  https://www.rti.com/free-trial

ライセンスには以下の 3 種類があります。

・商用のライセンス（30 日間の評価用ライセンス付き）
・社内研究用のライセンス
・大学の教育・研究用のライセンス

商用利用したい場合にも評価用のライセンスが付与されるので、安心して試すことができます。ダウンロードしたライセンスファイルを所望のディレクトリに保存して環境変数を設定すると、Connext が使えるようになります。常用的に利用する場合は、~/.bashrc に書き込んでおきましょう。

```
$ export RTI_LICENSE_FILE=/PATH/TO/rti_license.dat
```

/PATH/TO はライセンスファイルの保存ディレクトリ先に読み替えてください。

第4章 ROS 2 の応用機能

4-6-2 ノード実行時のDDSベンダー実装の変更

では実際に、ノードのビルド時ではなく実行時に DDS ベンダー実装を変更して
みましょう。手軽に試すために、ROS 2 のデモパッケージである文字列を送受信す
る talker/listener を使います。

一つ目のターミナルでは Fast DDS を使って talker を実行します。

■ターミナル1

```
RMW_IMPLEMENTATION=rmw_fastrtps_cpp ros2 run demo_nodes_cpp talker
[INFO] [talker]: Publishing: 'Hello World: 1'
[INFO] [talker]: Publishing: 'Hello World: 2'
[INFO] [talker]: Publishing: 'Hello World: 3'
```

ちなみに ROS 2 デフォルトの rmw が Fast DDS を使っているので、RMW_
IMPLEMENTATION=rmw_fastrtps_cpp の記述がなくても Fast DDS で同じように動作
します。

二つ目のターミナルでは Connext を使って listener を実行します。

■ターミナル2

```
RMW_IMPLEMENTATION=rmw_connextdds ros2 run demo_nodes_cpp listener
[INFO] [listener]: I heard: [Hello World: 10]
[INFO] [listener]: I heard: [Hello World: 11]
[INFO] [listener]: I heard: [Hello World: 12]
```

いかがでしょうか？ ビルド設定の変更や再ビルドをまったく行うことなく、DDS
ベンダー実装を変えられることがわかったと思います。さらに、異なる DDS ベン
ダー実装の間でメッセージ通信ができていることも確認できました。これは、これ
らのベンダー実装が、DDS、RTPS という通信プロトコルにしたがっているために
実現できたことです。

また、試しに listener 側を Python 言語の実装に変更してみましょう。

■ターミナル3

```
RMW_IMPLEMENTATION=rmw_connextdds ros2 run demo_nodes_py listener
[INFO] [listener]: I heard: [Hello World: 10]
[INFO] [listener]: I heard: [Hello World: 11]
[INFO] [listener]: I heard: [Hello World: 12]
```

この場合も、当たり前のように接続でき、メッセージ通信が行われます。これは通信ミドルウェア API に共通の rmw が存在し、この部分でメッセージ通信の役割を担っているためです。もし、新たなクライアントライブラリを実装するとしても、rcl を介して実装すれば、こういった DDS ベンダー実装の違いもまったく気にする必要がありません。

4-7 セキュリティ

セキュリティ機能は ROS アプケーションを製品化するうえで重要な機能です。ROS 1 ではメッセージ通信の中身は生データとして送受信されており、外部から容易に情報を盗むことができました。さらに、認証の考え方もないため、送信データを別ノードがなりすまして受信することも改ざんすることもできました。ROS 1 を製品に組み込むには、ROS 1 のサービスポートを閉じておき、外部から ROS ネットワークにアクセスできないようにしておくのが一番安全です。しかし、それではせっかくの ROS のエコシステムをまったく活用できなくなってしまいます。

SROS[16] という仕組みを導入することで、TLS（トランスポート層のセキュリティ）に対応させることはできます。これにより、メッセージ通信の中身を暗号化することで、データを盗んだり改ざんしたりすることはできません。しかし、これは最初から計画的に導入された機能ではありませんし、ROS 1 で公式にサポートされた機能でもないため、対応しているクライアントライブラリが限られます。

そこで ROS 2 では、設計段階からセキュリティの機能を考慮して実装が始まりました。具体的には、通信ミドルウェアである DDS の拡張機能である DDS Security[17] を用いています。この機能を提供する SROS 2[18] パッケージは、現時点で DDS Security の機能のすべてで ROS 2 に対応してるわけではありません。それでも以下の機能が、パッケージの再ビルドや追加パッケージのビルドなどを必要とせず、構成ファイルの追加やコマンド実行だけで利用できます[19]。

注16 http://wiki.ros.org/SROS
注17 https://www.omg.org/spec/DDS-SECURITY/About-DDS-SECURITY/
注18 https://github.com/ros2/sros2
注19 DDS ベンダー実装に Fast DDS を使う場合には、残念ながら --cmake-args -DSECURITY=ON のオプションをつけてパッケージビルドし直す必要があります。セキュリティを気にする方は常にオプションをつけてビルドしましょう。https://docs.ros.org/en/jazzy/Tutorials/Advanced/Security/Introducing-ros2-security.html#installing-from-source

第 4 章　ROS 2 の応用機能

- ・ノードの認証
- ・ドメイン[注20]（名前空間）へのアクセス制御
- ・トピックへのアクセス制御（ノード単位あるいはトピック名単位）
- ・サービスへのアクセス制御（ノード単位あるいはサービス名単位）
- ・パラメータへのアクセス制御（ノード単位）
- ・通信データの暗号化とアプリケーションデータ自体の暗号化

　ノードの認証とアクセス制御の機能について、その役割と使い方を説明していきます。

4-7-1　ノードの認証

　ROS 2 ネットワークに参加するノードが、本当にそのノード自身であるかどうかを真偽判定する仕組みがノードの認証です。公開鍵暗号[注21]という一般的な仕組みを用いて実現されています。もし認証されていないノードが ROS 2 ネットワークに参加しようとすると、接続を拒否されます。

　前項で説明したとおり、セキュリティ機能を有効化するにはパッケージの中身の変更はまったく必要ありません。その代わり、構成ファイルと ros2 security コマンドを使って、セキュリティの設定を行います。はじめに、暗号鍵などのセキュリティ設定を保存するディレクトリを作成します。対象のパッケージは ROS 2 のデモパッケージとします。

```
$ cd ~/get-started-ros2
$ ros2 security create_keystore keys
$ ls
build keys install logs src
$ ros2 security create_enclave keys /talker_listener/talker
$ ros2 security create_enclave keys /talker_listener/listener
$ export ROS_SECURITY_KEYSTORE=~/get-started-ros2/keys
$ export ROS_SECURITY_ENABLE=true
$ export ROS_SECURITY_STRATEGY=Enforce
```

注20　ros2 topic list でリストアップされるツリー構造の各分岐を意味します。
注21　暗号化と復号に別個の鍵（手順）を用い、暗号化の鍵を公開できるようにした暗号方式です。

ros2 security create_keystore コマンドの実行によって、keys ディレクトリが作成されたことがわかります。この中に暗号鍵などのセキュリティ情報が保存されます。次に、ros2 security create_enclave コマンドの実行によって、talker/listener それぞれのための暗号鍵と認証情報が生成されます。enclave とは隔離空間という用語で、セキュリティ網で包囲された安全な空間を意味しています。その後、export コマンドを実行して、ROS 2 セキュリティを有効化しました。常にセキュリティを有効化するには、これらの export コマンドを ~/.bashrc に保存しておきます。

それぞれの環境変数は以下の役割を担います。

● ROS_SECURITY_KEYSTORE
  セキュリティ設定の保存ディレクトリ
● ROS_SECURITY_ENABLE
  セキュリティの有効化・無効化設定（デフォルトは無効化）
● ROS_SECURITY_STRATEGY
  Enforce の場合には、セキュリティ設定のないメッセージ通信の禁止（それ以外の文字列の場合は許可）

これで、ノード名 /talker と /listener が ROS 2 ネットワークに参加できるようになりました。続いてデモパッケージのノードを起動してみましょう。

■ターミナル 1

```
$ ros2 run demo_nodes_cpp talker --ros-args --enclave /talker_listener/⏎
talker
[INFO] [talker]: Publishing: 'Hello World: 1'
[INFO] [talker]: Publishing: 'Hello World: 2'
[INFO] [talker]: Publishing: 'Hello World: 3'
...
```

■ターミナル 2

```
$ ros2 run demo_nodes_cpp listener --ros-args --enclave /talker_⏎
listener/listener
[INFO] [listener]: I heard: [Hello World: 10]
[INFO] [listener]: I heard: [Hello World: 11]
[INFO] [listener]: I heard: [Hello World: 12]
...
```

第4章 ROS 2の応用機能

--enclaveオプションにより、それぞれの隔離空間を指定していますが、再ビルドを必要とせず実行時のオプション指定だけで済むことがわかります。二つのノードが無事認証され、接続されたことを確認できました。暗号鍵はノード名をもとに生成されているため、ノード名を変更すると認証に失敗することも試してみましょう。

ros2 run実行時に、--enclaveオプションをつけずに実行します。

■ターミナル3

```
$ ros2 run demo_nodes_cpp listener
```

セキュリティが有効化された状態（ROS_SECURITY_ENABLE=trueのとき）では、listenerが受信を開始できないことがわかります。認証情報が設定されておらず、ROS 2ネットワークへの参加が拒否されたことを表しています。

4-7-2 アクセス制御

ROS 1ではトピック、サービス、パラメータ、アクションにアクセス制御機能はありませんでした。つまり、読み書き、実行は自由に行えました。しかし、現実的には書き換えられては困る読み込み専用トピックや、内容を読み込まれては困る秘匿なトピックなど、ROSアプリケーションを製品化するうえではさまざまなアクセス制御が不可欠です。

そこで、UNIXのパーミッション[注22]と同じ概念が、ROS 2のセキュリティ機能の一つとして導入されました。つまり、特定の名前空間（UNIXファイルシステムにおけるディレクトリに相当）やトピック、サービス、アクション（UNIXファイルシステムにおけるファイルに相当）に対して、受信・送信・実行（UNIXファイルシステムにおける読み・書き・実行）などの許可、拒否を設定できるようになったのです。

パーミッションはXMLファイルを用いて記述します。以下のようなタグが列挙されています。

● topicsタグ

publish="ALLOW"ならトピック送信可能、subscribe="ALLOW"なら受信可能なtopicタグのリスト

注22 ファイルごとに定義された、読み出し・書込みなどのアクセスに対する許可情報を意味します。

- topic**タグ**

  トピック名
- services**タグ**

  request="ALLOW" ならサービス呼び出し可能、reply="ALLOW" なら実行可能な
  service タグのリスト
- service**タグ**

  サービス名
- actions**タグ**

  call="ALLOW" ならアクション呼び出し可能、execute="ALLOW" なら実行可能な
  action タグのリスト
- action**タグ**

  アクション名

　パーミッションを設定する場合、<default>DENY</default> を設定し、デフォル
トはすべてのアクセスを DENY、つまり拒否に設定しておきます。そして、パーミッ
ションファイルには許可したいものだけを <allow_rule> タグで列挙しておきます。

~/get-started-ros2/src/policies/talker_listener.policy. xml

　おなじみの ROS 2 デモパッケージ talker/listener を使ったトピックのパーミッ
ション設定を行ってみましょう。

```
<?xml version="1.0" encoding="UTF-8"?>
<policy version="0.2.0"
  xmlns:xi="http://www.w3.org/2001/XInclude">
  <enclaves>
    <enclave path="/talker_listener/talker">
      <profiles>
        <profile ns="/" node="talker">
          <xi:include href="common/node.xml"
            xpointer="xpointer(/profile/*)"/>
          <topics publish="ALLOW" >
            <topic>chatter</topic>
          </topics>
```

第4章　ROS 2の応用機能

```
      </profile>
     </profiles>
   </enclave>
   <enclave path="/talker_listener/listener">
     <profiles>
       <profile ns="/" node="listener">
         <xi:include href="common/node.xml"
           xpointer="xpointer(/profile/*)"/>
         <topics subscribe="ALLOW" >
           <topic>chatter</topic>
         </topics>
       </profile>
     </profiles>
   </enclave>
  </enclaves>
</policy>
```

　パラメータの場合には、パラメータ名という粒度では読み書き許可、拒否を設定できないため、名前空間かノード名単位でパラメータを入出力するトピックやサービスのパーミッションを編集することで間接的にアクセス制御を実現します。

~/get-started-ros2/src/policies/common/node/parameters.xml

　以下の例では、profileタグに何も属性を指定していません。つまり、全ノードのパラメータ入出力は制限なくアクセスできることを表します。

```
<?xml version="1.0" encoding="UTF-8"?>
<profile>
  <topics publish="ALLOW" subscribe="ALLOW" >
    <topic>parameter_events</topic>
  </topics>

  <services reply="ALLOW" request="ALLOW" >
    <service>~describe_parameters</service>
    <service>~get_parameter_types</service>
    <service>~get_parameters</service>
    <service>~list_parameters</service>
    <service>~set_parameters</service>
```

```
    <service>~set_parameters_atomically</service>
  </services>
</profile>
```

　パーミッションファイルが完成したら、ros2 security コマンドを実行し、パーミッションを有効化します。

```
$ cd ~/get-started-ros2
$ ros2 security create_permission keys /talker src/policies/permissions.xml
$ ros2 security create_permission keys /listener src/policies/⤶
permissions.xml
```

　前項と同じように、talker/listener ノードを実行してみると、接続に成功し通信が行われます。しかし、今回の実行では /chatter トピックに限定して送受信が許可されており、ROS 2 ネットワークの裏側では前項のノード認証よりも、より厳しいセキュリティ設定が行われていることになります。

4-7-3　コンピュータ間のアクセス制御

　アクセス制御はコンピュータ内で完結する場合よりも、複数のコンピュータにまたがった場合に、より重要な役割を担います。foo、bar という名前で DNS に登録されたコンピュータでそれぞれ、talker/listener ノードを動かしてみましょう。前項まで使っていたコンピュータは foo であり、その中に作成してきた ~/get-started-ros2/keys が保存されているものとします。

■ bar **コンピュータ**

```
$ mkdir -p ~/get-started-ros2/keys
$ scp -r $USER@foo:~/get-started-ros2/keys/talker ~/get-started-ros2/keys
$ export ROS_SECURITY_KEYSTORE=~/get-started-ros2/keys
$ export ROS_SECURITY_ENABLE=true
$ export ROS_SECURITY_STRATEGY=Enforce
$ ros2 run demo_nodes_cpp talker
```

■ foo **コンピュータ**

```
$ ros2 run demo_nodes_cpp listener
```

第 4 章 ROS 2 の応用機能

　現状では、一方のコンピュータで作成したセキュリティ設定を他方のコンピュータに反映させる仕組みは、ROS 2 のコマンドに用意されていません。そのため、上の例では scp コマンドを使って直接コピーして対応しています。ただし、セキュリティリスクを考えたとき、~/get-started-ros2/keys をすべて共有することは望ましい挙動とはいえません。より安全な運用方法は以下の記事で解説されています。

● **Deployment Guidelines**

　https://docs.ros.org/en/jazzy/Tutorials/Advanced/Security/Deployment-
　Guidelines.html

　ROS 2 のセキュリティ機能は DDS Security の機能を用いて実現されているため、これらのセキュリティ機能は DDS ベンダー実装に依存しません。前章で扱ったように、実行時に異なる DDS ベンダー実装を用いてノード認証やアクセス制御を行っても問題なく動作します。そして、rcl の効果により、クライアントライブラリの種類にも依存しません。C++ 言語のノードと Python 言語のノード間でも同様にセキュリティ設定が行えます。

第5章 Pythonクライアント ライブラリ rclpy

5-1 ROS 2のクライアントライブラリ

本書では、ROS 2のクライアントライブラリにC++言語用のrclcppを使ってきました。C++は静的型付け言語であるため、ビルド時にコンパイルエラーが得られる強みがあります。現在のROS 2はコードベースが成熟してきたとはいえ、バージョンリリースごとにAPIが更新されるような破壊的な変更が発生することがあります。そのため、ビルド時にコンパイルエラーを得ることはソースコードをメンテナンスしていくうえで有用でした。

1-5-3項で紹介したように、ROS 2はrclという各プログラミング言語用クライアントライブラリに共通する機能を提供するAPIがあります。C言語で実装されたrclは多くのプログラミング言語からライブラリとして読み込むことができるため、各プログラミング言語用クライアントライブラリで共通して必要になる部分を、このrclの実装にまとめようというわけです。これにより、クライアントライブラリ間で提供される機能や実装の品質を、ある程度統一できるようになりました。各クライアントライブラリはrclの関数群の薄いラッパー[注1]を提供することに注力します。rclがROS 2クライアントライブラリの核となるロジックや振る舞いを担当するので、バグの修正や将来の機能の追加・変更に対する修正範囲を小さくすることができます。

注1 ある機能や処理を簡単に実行できるように、既存のコードを囲んで機能を追加するコードを指します。rclpyはrclの関数呼び出しをPythonコードで囲んで簡単に実行できるようにしています。

第5章 Python クライアントライブラリ rclpy

5-1-1　C++ 以外のクライアントライブラリ

　ROS 2 が公式に提供しているクライアントライブラリには、C++ 言語だけでなく、Python 言語、C 言語用があります[注2]。

● **Python 言語用クライアントライブラリ** rclpy

　　https://github.com/ros2/rclpy

● **C 言語用クライアントライブラリ** rclc

　　https://github.com/ros2/rclc

　その他にも、非公式ではありますが、開発者がメンテナンスしているクライアントライブラリがいくつかあります。

● **Java 言語用クライアントライブラリ** rcljava

　　https://github.com/ros2-java/ros2_java

● **.Net 用クライアントライブラリ** ros2_dotnet

　　https://github.com/ros2-dotnet/ros2_dotnet

● **Node.js 言語用クライアントライブラリ** rclnodejs

　　https://www.npmjs.com/package/rclnodejs

● **Rust 言語用クライアントライブラリ** ros2_rust

　　https://github.com/ros2-rust/ros2_rust

　本章では rclcpp 以外の選択肢として、Python 言語用クライアントライブラリ rclpy を使って ROS 2 パッケージの作成を行います。C++ は静的型付け言語ですが、Python は動的型付け言語です。パッケージ作成の流儀や手順がかなり違うため、本章で感覚を掴んでおきましょう。Python は近年、機械学習コミュニティにおいてデファクトスタンダードの地位を不動のものにしています。読者のみなさんの手で、ROS アプリケーションに機械学習の力も取り入れてください。

注2　rclc は実際にはコミュニティメンテナンスのライブラリですが、ピュア C で書かれており、組み込みシステムとの相性が高く、ros2 オーガナイゼーションで継続的にメンテナンスが進められているため、ROS 2 準公式として数えました。https://docs.ros.org/en/rolling/Concepts/Basic/About-Client-Libraries.html#community-maintained

5-2 パッケージ構成

5-2 パッケージ構成

Python 言語を使った ROS 2 パッケージの雛形を作るコマンドは 3-4 節でも使っ
た ros2 pkg create です。--build-type を変更することで、Python 言語用の設定
ファイルが生成されます。

```
$ cd ~/get-started-ros2/src
$ ros2 pkg create --build-type ament_python YOUR_AWESOME_PACKAGE
```

ROS 1 の Python 2 言語パッケージでは、C++ 言語を使っていないにもかかわら
ず、CMakeLists.txt を書く必要がありました。これは、メッセージファイルやサー
ビスファイルから Python 2 言語用のアクセスライブラリを自動生成する必要が
あったためです。

しかし、ROS 2 からは Python 言語用のパッケージでは CMakeLists.txt を書く必
要はなくなり、package.xml と setup.py を用意するだけでよくなりました。setup.
py は Python の純粋なライブラリ作成時にも用いられます。つまり、ROS 1 では必
要だった特別な作法はなくなり、純粋な Python ライブラリとして ROS 2 パッケー
ジを作成できるようになったのです。

5-2-1 setup.pyの書き方

setup.py の書き方の例として、次節で用いる実際の setup.py をご覧ください。こ
れは ROS 2 公式の例題パッケージの setup.py[注3] に日本語コメントなどを加筆修正
したものです。ライセンス条項については、付録を参照してください。

■ ~/get-started-ros2/src/examples_rclpy/examples_rclpy_topics/setup.py

```
from setuptools import setup

package_name = 'examples_rclpy_topics'

setup(
    name=package_name,  # パッケージ名
    version='0.6.3',  # バージョン番号
```

注3　https://github.com/ros2/examples/blob/master/rclpy/topics/minimal_publisher/setup.py

第5章 Python クライアントライブラリ rclpy

```
    packages=[package_name],  # ソースコードのディレクトリ
    data_files=[  # ソースコード以外のファイル
        ('share/ament_index/resource_index/packages', ['resource/' + ⤶
package_name]),
        ('share/' + package_name, ['package.xml']),
    ],
    install_requires=['setuptools'],  # 依存Python3モジュール
    zip_safe=True,
    author='Mikael Arguedas',
    author_email='mikael@osrfoundation.org',
    maintainer='Yutaka Kondo',
    maintainer_email='yutaka.kondo@youtalk.jp',
    keywords=['ROS'],
    classifiers=[  # PyPIの分類情報
        'Intended Audience :: Developers',
        'License :: OSI Approved :: Apache Software License',
        'Programming Language :: Python',
        'Topic :: Software Development',
    ],
    description='Examples of publishers/subscribers using rclpy.',
    license='Apache License, Version 2.0',
    tests_require=['pytest'],  # テストフレームワーク名
    entry_points={  # 実行コマンド名とその呼び出し先
        'console_scripts': [
            'publisher = ' + package_name + '.publisher:main',
            'subscriber = ' + package_name + '.subscriber:main',
            'composed = ' + package_name + '.composed:main',
        ],
    },
)
```

　インポート文の部分で from setuptools import setup のようにして、Python の
標準的なライブラリしか呼んでいないことからもわかるように、ROS 2 のための
特殊な設定項目はありません。Python で書かれた ROS 2 パッケージをビルドする
ツール ament_python は、この設定項目を使って colcon build 時に適切にビルドを
行います。install_requires 引数で渡される配列には、このパッケージが依存する
Python モジュールを列挙します。最後の console_scripts の配列で与えられている
文字列が ros2 run コマンドで用いられます。上の例では以下のように実行すると、

114

Python スクリプト examples_rclpy_topics.publisher の main 関数が呼び出される
ことを表しています。

```
$ ros2 run examples_rclpy_topics publisher
```

setup.py のより詳しい説明は Python 公式ドキュメントを参照してください[注4]。

5-2-2 メッセージ、サービス、アクション定義ファイルの 格納場所

ROS 1 から ROS 2 に移行し、Python 言語を使ったパッケージの作成で一番大き
く変わったところは CMakeLists.txt がなくなったことです。この副作用として、各
種メッセージ、サービス、アクションの定義ファイルから各プログラミング言語用
のスタブ[注5]を生成するための設定項目を書く場所がなくなってしまいました。

定義ファイルの置き場所を設定するには、ROS 2 でも従来どおり CMakeLists.txt
に記述する必要があります。そのため、メッセージ、サービス、アクションの定義
ファイルだけを保存し、スタブの生成を指定する ***_msgs といった名称のパッケー
ジを作ることが必須となりました。

なお、C++ 言語の場合には、***_msgs パッケージへの分割は必須ではありません
が、他のパッケージから再利用しやすいように定義ファイルだけを取り出して分割
したパッケージの作成をおすすめします。3 章の C++ 言語を使ったサンプルコード
で使っていた hello_world_msgs パッケージも、この方法にしたがい、SetMessage
サービスの定義ファイルを保存するパッケージにしました。

さて、Python 言語を使った ROS 2 パッケージの作成方法がわかったので、次はト
ピック、サービス、アクションの実装方法を学んでいきましょう。

サンプルコードのセットアップは 2-3 節を参照してください。なお、本章で用いた
サンプルコードは、以下に示すリポジトリのサンプルパッケージの実装をほぼその
まま再利用しています。

注4　https://packaging.python.org/guides/distributing-packages-using-setuptools/
注5　ROS はメッセージ、サービス、アクションの各定義ファイルから各プログラミング言語用のアクセスラ
　　　イブラリを自動生成します。そのアクセスライブラリのことを一般的にスタブと呼びます。

第5章 Python クライアントライブラリ rclpy

● **examples/rclpy**

https://github.com/ros2/examples/tree/jazzy/rclpy

5-3 トピック実装

3章の C++ のソースコードと同様に文字列型の chatter トピックを送受信する Publisher/Subscriber を実装します。クライアントライブラリ間の共通ライブラリ rcl があるおかげで、プログラミング言語の文法の違いを無視すれば、C++ 言語を使ったソースコードと Python 言語を使ったソースコードは非常に似通っていることがわかります。すでに本章まで読破して、C++ 言語で ROS パッケージを作成できるようになった読者のみなさんにとっては、説明の必要もないかもしれません。

~/get-started-ros2/src/examples_rclpy/examples_rclpy_topics/publisher.py（抜粋）

chatter トピックを周期的に送信するために、タイマー呼び出しを行う create_timer メソッドを呼び出して、timer_callback メソッドをそのコールバックに設定しています。

```python
class MinimalPublisher(Node):
    def __init__(self):
        super().__init__('minimal_publisher')
        # String型のchatterトピックを送信するpublisherの定義
        self.publisher = self.create_publisher(String, 'chatter', 10)
        # 送信周期ごとにtimer_callbackを呼び出し（送信周期は0.5秒）
        self.timer = self.create_timer(0.5, self.timer_callback)
        self.i = 0

    def timer_callback(self):
        msg = String()
        msg.data = 'Hello World: %d' % self.i
        # chatterトピックにmsgを送信
        self.publisher.publish(msg)
        # msgの中身を標準出力にログ
        self.get_logger().info(msg.data)
        self.i += 1
```

116

5-3 トピック実装

```python
def main(args=None):
    # Pythonクライアントライブラリの初期化
    rclpy.init(args=args)
    # minimal_publisherノードの作成
    minimal_publisher = MinimalPublisher()
    # minimal_publisherノードの実行開始
    rclpy.spin(minimal_publisher)
    # minimal_publisherノードの削除
    minimal_publisher.destroy_node()
    # Pythonクライアントライブラリの終了
    rclpy.shutdown()


if __name__ == '__main__':
    main()
```

~/get-started-ros2/src/examples_rclpy/examples_rclpy_topics/subscriber.py（抜粋）

Subscriberはさらに簡単です。chatterトピックを受信するコールバックメソッド listener_callback を登録して、あとはロギングしているだけです。main関数以下は記載を省略しています。

```python
class MinimalSubscriber(Node):
    def __init__(self):
        super().__init__('minimal_subscriber')
        # String型のchatterトピックを受信するsubscriptionの定義
        # （listener_callbackは受信ごとに呼び出されるコールバック関数）
        self.subscription = self.create_subscription(
            String, 'chatter', self.listener_callback, 10)

    def listener_callback(self, msg):
        # msgの中身を標準出力にログ
        self.get_logger().info(msg.data)
```

実行する前に colcon build を実行する必要があります。本来、ビルドの必要がない Python コードではありますが、setup.py を実行して依存関係の解決やインス

第5章 Python クライアントライブラリ rclpy

トールディレクトリの構築を行います。

```
$ cd ~/get-started-ros2
$ colcon build
```

ビルドに成功したら、publisher ノードと subscriber ノードを別ターミナルでそ
れぞれ実行してみましょう。

■ターミナル1

```
$ source ~/get-started-ros2/install/setup.bash
$ ros2 run examples_rclpy_topics publisher
[INFO] [minimal_publisher]: Hello World: 0
[INFO] [minimal_publisher]: Hello World: 1
[INFO] [minimal_publisher]: Hello World: 2
```

■ターミナル2

```
$ source ~/get-started-ros2/install/setup.bash
$ ros2 run examples_rclpy_topics subscriber
[INFO] [minimal_subscriber]: Hello World: 0
[INFO] [minimal_subscriber]: Hello World: 1
[INFO] [minimal_subscriber]: Hello World: 2
```

5-3-1 コンポーネント実行

4-2節で説明したコンポーネント指向プログラミングは rclcpp だけでなく rclpy
でも利用可能です。rclcpp のコンポーネント指向プログラミングを学んだ方には説
明は不要でしょう。コンポーネント実行器を宣言し、ノードを登録し、実行するだ
けです。

SingleThreadedExecutor を MultiThreadedExecutor に変えればマルチスレッド
実行に切り替えられるのも同様です。

■ ~/get-started-ros2/src/examples_rclpy/examples_rclpy_topics/composed.py（抜粋）

```
def main(args=None):
    rclpy.init(args=args)
    try:
        publisher = MinimalPublisher()
        subscriber = MinimalSubscriber()
        # すべてのコールバックをメインスレッドで処理
```

```
        executor = SingleThreadedExecutor()
        # executorにすべてのノードを登録
        executor.add_node(publisher)
        executor.add_node(subscriber)

        try:
            # 登録されたすべてのノードを実行
            executor.spin()
        finally:
            executor.shutdown()
            subscriber.destroy_node()
            publisher.destroy_node()
    except KeyboardInterrupt:
        pass
    except ExternalShutdownException:
        sys.exit(1)
    finally:
        rclpy.try_shutdown()
```

5-4 サービス実装

　サービスには整数値 a と b を加算する add_two_ints サービスを用います。サービ
スは ROS 1 から ROS 2 になって、基本的に非同期実行に変更されたため、サービス
からの返り値を得るには Future パターンを用いて、ソースコードの後段で実行完
了を待つ必要があります。

~/get-started-ros2/src/examples_rclpy/examples_rclpy_services/service.py（抜粋）

　サービス定義ファイル AddTwoInts.srv で定義された整数値加算サービス add_
two_ints を登録します。クライアントから呼び出されたときに add_two_ints_
callback メソッドがコールバックされます。コールバックメソッドが呼び出される
と、与えられた引数を a + b で足し合わせ、返り値に設定します。

```
class MinimalService(Node):
    def __init__(self):
```

```
        super().__init__('minimal_service')
        # add_two_intsサービスの作成
        #   (サービスの中身はadd_two_ints_callbackで実装)
        self.srv = self.create_service(AddTwoInts, 'add_two_ints',
                                       self.add_two_ints_callback)

    def add_two_ints_callback(self, request, response):
        # a + bを答えを返り値responseに設定
        response.sum = request.a + request.b
        # 計算結果を標準出力にログ
        self.get_logger().info('%d + %d = %d' %
                               (request.a, request.b, response.sum))
        return response
```

~/get-started-ros2/src/examples_rclpy/examples_rclpy_services/client.py (抜粋)

MinimalClient.call_async を呼び出すと、コンストラクタで作成した add_two_ints サービスのクライアントに引数を渡して、サービスが非同期実行されます。main 関数では、その返り値で得られた future 変数を受け取り、非同期実行が完了するまで待機した後、future 変数から返り値を取り出して加算結果をロギングしています。本来は future 変数で返り値が正常に得られなかったときの条件分岐なども書いてエラーハンドリングする必要がありますが、ここでは簡略化のために省略しています。

```
class MinimalClient(Node):
    def __init__(self):
        super().__init__('minimal_client')
        # add_two_intsサービスのクライアント作成
        self.cli = self.create_client(AddTwoInts, 'add_two_ints')
        # add_two_intsサービスの起動待機
        while not self.cli.wait_for_service(timeout_sec=1.0):
            self.get_logger().info('waiting...')
        # add_two_intsサービスの引数
        self.request = AddTwoInts.Request()

    def call_async(self):
        # add_two_intsサービスの引数にa = 1, b = 2を設定
        self.request.a = 1
```

```python
            self.request.b = 2
            # add_two_intsサービスの非同期実行
            return self.cli.call_async(self.request)


def main(args=None):
    rclpy.init(args=args)
    minimal_client = MinimalClient()
    future = minimal_client.call_async()
    # add_two_intsサービスの非同期実行が完了するまで待機
    rclpy.spin_until_future_complete(minimal_client, future)

    # 返り値を正常に得られたか判別
    if future.done() and future.result() is not None:
        # 返り値の取得
        response = future.result()
        # 計算結果を標準出力にログ
        minimal_client.get_logger().info(
            '%d + %d = %d' %
            (minimal_client.request.a, minimal_client.request.b,
             response.sum))

    minimal_client.destroy_node()
    rclpy.shutdown()
```

≡ 5-5 アクション実装

　アクションの説明には、4-6-2節で用いたフィボナッチ数列の例を同じく使います。アクションでは Python 3.5 から導入された async/await 構文を使うため、C++言語の時のソースコードと少し雰囲気が変わります。このように各クライアントライブラリは、各プログラミング言語特有の機能をうまく取り込んで、親和性の高いプログラミングが行えるようにする努力も見られます。C++ 言語での std::make_shared を使った構文パターンもこれに値します。

~/get-started-ros2/src/examples_rclpy/examples_rclpy_actions/server.py（抜粋）

fibonacci アクションのサーバを作成する際に、ActionServer の引数に callback_group=ReentrantCallbackGroup() を与えています。これは、アクション実行の中身である execute_callback メソッドを非同期実行したときにロックしないことを指定しています。そして、execute_callback メソッドは async 宣言されており、非同期実行されることを Python 処理系に伝えています。

さらに、MultiThreadedExecutor を用いてアクションサーバを実行しているため、複数クライアントからのアクション呼び出しを並列に処理します。

アクション実行の内部では、1秒ごとにフィボナッチ数列を一つずつ追加していき、その結果を随時フィードバックしながら、最後に完成したフィボナッチ数列を実行結果として返します。

```python
class MinimalActionServer(Node):
    def __init__(self):
        super().__init__('minimal_action_server')
        # fibonacciアクションサーバの作成
        #  (execute_callback実行は複数同時処理を許可)
        self._action_server = ActionServer(
            self, Fibonacci, 'fibonacci',
            execute_callback=self.execute_callback,
            callback_group=ReentrantCallbackGroup())

    def destroy(self):
        # アクションサーバの終了
        self._action_server.destroy()
        super().destroy_node()

    async def execute_callback(self, goal_handle):
        # アクションの実行
        self.get_logger().info('executing...')
        # フィボナッチ数列の初期値0, 1を設定
        msg = Fibonacci.Feedback()
        msg.sequence = [0, 1]

        # フィボナッチ数列を一つずつ追加
        for i in range(1, goal_handle.request.order):
```

5-5 アクション実装

```python
            if goal_handle.is_cancel_requested:
                # アクションのキャンセル
                goal_handle.canceled()
                self.get_logger().info('goal canceled')
                return Fibonacci.Result()

            # フィボナッチ数列の更新
            msg.sequence.append(msg.sequence[i] + msg.sequence[i-1])
            self.get_logger().info('feedback: {0}'.format(msg.sequence))
            # アクションのフィードバックの送信
            goal_handle.publish_feedback(msg)
            # 1秒待機（重たい処理の代わり）
            time.sleep(1)

        # アクションの実行結果の送信
        goal_handle.succeed()
        result = Fibonacci.Result()
        result.sequence = msg.sequence
        self.get_logger().info('result: {0}'.format(result.sequence))
        return result


def main(args=None):
    rclpy.init(args=args)
    minimal_action_server = MinimalActionServer()
    # マルチスレッドでminimal_action_serverノードを実行し、
    # 複数のアクションクライアントを同時処理
    executor = MultiThreadedExecutor()
    rclpy.spin(minimal_action_server, executor=executor)
    minimal_action_server.destroy()
    rclpy.shutdown()
```

~/get-started-ros2/src/examples_rclpy/examples_rclpy_actions/client.py（抜粋）

MinimalActionClient クラスには三つのコールバックメソッドが定義されていますが、それぞれ以下のタイミングで呼び出されるように設定しています。

第 5 章　Python クライアントライブラリ rclpy

● goal_response_callback
　　アクションの目標値の設定時
● feedback_callback
　　アクションのフィードバック受信ごと
● get_result_callback
　　アクションの実行結果の受信時

　ちなみに、このノードを複数ターミナルで同時実行しても、フィボナッチ数列の
フィードバックや実行結果に不具合が発生することはありません。処理の裏で、各
アクションの実行にそれぞれ UUID[注6] が振られており、それを用いてアクション実
行のサーバ・クライアントの関係を一対一対応させています。

```python
class MinimalActionClient(Node):
    def __init__(self):
        super().__init__('minimal_action_client')
        # fibonacciアクションクライアントを作成
        self._action_client = ActionClient(self, Fibonacci, 'fibonacci')

    def goal_response_callback(self, future):
        # 目標値の設定成功の判別
        goal_handle = future.result()
        if not goal_handle.accepted:
            self.get_logger().info('goal rejected')
            return

        # アクションの実行結果の受信
        self._get_result_future = goal_handle.get_result_async()
        self._get_result_future.add_done_callback(
            self.get_result_callback)

    def feedback_callback(self, feedback):
        self.get_logger().info('feedback: {0}'.format(
            feedback.feedback.sequence))
```

注6　Universally Unique IDentifier の略です。対象を一意に識別するための識別子として用いられます。
　　https://github.com/ros2/rcl_interfaces/blob/master/action_msgs/msg/GoalInfo.msg#L2

```
def get_result_callback(self, future):
    result = future.result().result
    # アクションの実行状態の取得
    status = future.result().status
    if status == GoalStatus.STATUS_SUCCEEDED:
        # 実行成功ならフィボナッチ数列を標準出力にログ
        self.get_logger().info('result: {0}'.format(
            result.sequence))

    # プログラムの終了
    rclpy.shutdown()

def send_goal(self):
    self.get_logger().info('waiting...')
    self._action_client.wait_for_server()
    # 10要素のフィボナッチ数列を標値に設定
    goal_msg = Fibonacci.Goal()
    goal_msg.order = 10
    # アクションの非同期実行
    # (フィードバックと実行結果の受信コールバック関数も設定)
    self._send_goal_future = self._action_client.send_goal_async(
        goal_msg, feedback_callback=self.feedback_callback)
    self._send_goal_future.add_done_callback(
        self.goal_response_callback)
```

第6章　ROS 2に対応したツール／パッケージ

第6章　ROS 2に対応したツール／パッケージ

6-1　ROS 2への移行完了

　ROS 2の正式ディストリビューションである Ardent Apalone が 2017 年 12 月にリリースされて以降、ROS 1 のライブラリ、ツール、パッケージなどが ROS 2 に対応するように移植、再実装されていきました。

　特筆すべきは、2018 年 12 年にリリースされた Crystal Clemmys で待望のアクション機能が追加され、アクションを必要とするナビゲーションや動作計画のパッケージの再実装が大きく前進しました。2024 年現在、各パッケージの移行作業は完了しています。単なる ROS 1 から ROS 2 に対応させるためのソースコードの修正だけでなく、モジュール構造の見直しのような根本的な改善や機能追加も含まれています。

　本章では ROS 1 の時代からよく使われている代表的なツール、パッケージが ROS 2 にどのように対応したかを解説を行います。

6-2　データ記録・再生ツール rosbag2

　ロボットアプリケーションの開発において、非常に困難なことの一つがデバッグです。開発中のアルゴリズムの修正をするたびに、実際にロボットにアプリケーションをデプロイし、実行してみて初めてアルゴリズムの確からしさを評価できます。しかし、実世界でロボットを動かした場合、同じように動かしているはずでも、ロボットの動き方やセンサーの入力データにちょっとした違いが生じるものです。時間を戻すことができない以上、実世界ではまったく同じデータは得られません。

　この問題を解決するべく開発されたツールが rosbag です。rosbag は ROS 1 の

メッセージ通信のうち、トピックを記録、再生するためのツールです。このツールの
おかげで、実ロボットで得られるセンサーデータを保存し、まったく同じセンサー
データを使って、何度でも実装中のアルゴリズムを改善したり、別のアルゴリズム
の結果と比較したり、あるパッケージのパラメータ調整を行ったりすることができ
るようになりました。

　トピックのデータは .bag 形式で保存され、後から圧縮して小さなサイズにした
り、必要なトピックだけを取り出して別名で保存したりすることもできます。また、
トピックを再生する際には、保存時の再生速度を実時間より早めたり遅めたりする
こともできます。これは特にパラメータ調整の反復作業で有用です。

　そして、rosbag の ROS 2 版が rosbag2 です。

● **rosbag2**
　　https://github.com/ros2/rosbag2

　rosbag2 ではアーキテクチャ設計から見直され、ストレージ形式とシリアライ
ゼーション形式がプラグインで実装されており、ユーザが任意で変更できるように
なりました。

● **ストレージ形式**
　　2023 年 5 月リリースの Iron Irwini から、デフォルトで指定されているスト
　　レージ形式が、組み込み向けのリレーショナルデータベースである SQLite3[注1]
　　からマルチモーダルなログデータを扱うように設計された現代的なファイル
　　フォーマットである MCAP[注2] に変更されました。これによって、記録、編集、
　　再生の性能が大きく改善されました[注3]。
● **シリアライゼーション形式**
　　シリアライゼーション形式には DDS 標準のシリアライゼーション形式である
　　CDR[注4] がデフォルトで用いられます。ROS 2 は通信ミドルウェアに依存しない
　　設計をしているため、DDS のシリアライゼーション形式以外にも対応できるよ

注1　https://www.sqlite.org/index.html
注2　https://mcap.dev
注3　https://adrian-website.mcap.pages.dev/guides/benchmarks/rosbag2-storage-plugins
注4　https://en.wikipedia.org/wiki/Common_Data_Representation

第6章　ROS 2 に対応したツール／パッケージ

うにプラグイン化されていますが、2024 年 6 月現在、他のシリアライゼーショ
ン形式は存在しません。

　現在は、ストレージ形式、シリアライゼーション形式ともにデフォルトプラグイ
ン以外を選ぶ利点はありません。そのため、プラグインの指定方法についての説明
は省略しました。詳しくは rosbag2 リポジトリの README^{注5} をご覧ください。

　さらに、2024 年 5 月にリリースされた最新ディストリビューション Jazzy Jalisco
では、待望のサービスの記録にも対応しました。実際にはサービスイベントとい
うトピックに記録され、再生時にサービスとして受け取れるようにしているようで
す^{注6}。このサービスイベントの仕組みを応用すれば、将来的にはアクションの記録、
再生への対応も現実的になってきました。

6-2-1　トピック、サービスの記録

　rosbag2 は ROS 2 フロントエンドツールのサブコマンド bag から実行できます。
全トピックと全サービスを記録するには -a オプションをつけます。全トピックだけ
を記録するなら --all-topics、全サービスだけなら --all-services と指定するこ
とも可能です。-o オプションは abc.bag のようにファイル名を指定します。指定し
なければ、タイムスタンプを使ったファイル名になります。

```
$ ros2 bag record -o all.bag -a
```

　-a オプションをつけない場合は、記録したいトピック名、サービス名を列挙します。
下の例では /topic_a と /topic_b というトピック名のメッセージが保存されます。

```
$ ros2 bag record -o topic_a_and_b.bag /topic_a /topic_b
```

　記録を中断するには、単純に ros2 bag record プロセスを終了させます。コマン
ド実行中のターミナルで Ctrl キーと C キーを同時に押してください。

　--regex, --exclude-regex オプションを使うことで、正規表現を使った記録デー
タの選択、除外もできます。

注5　https://github.com/ros2/rosbag2/blob/master/README.md
注6　https://github.com/ros2/rosbag2/pull/1481

128

6-2-2 bagファイルの再生

記録と同様に、再生も ROS 2 フロントエンドツールから実行できます。記録した .bag ファイルをコマンドライン引数に与えるだけです。

```
$ ros2 bag play all.bag
```

再生速度を変更するには、--rate オプションを使います。0.5 を渡すと 0.5 倍速、2.0 を渡すと 2 倍速になります。

.bag ファイルの中身を確認する ros2 bag info コマンドのようなサブコマンドもあります。

6-3 データ可視化ツール RViz2

ROS がロボット開発者に好まれる理由の一つに、データの可視化がしやすいことが挙げられます。その可視化ツールの一つが RViz です。RViz は ROS のメッセージ通信を 3 次元的に描画できる汎用的な可視化ツールです。各メッセージの型に合わせて描画用の RViz プラグインが実装されており、ロボットの現在関節角状態、座標系、カメラ画像、ポイントクラウドの描画など、非常に便利な可視化を行うプラグインが用意されています。

この重要な可視化ツール RViz は RViz2 に名前を変えて ROS 2 に完全に移行しました。

● **rviz**

https://github.com/ros2/rviz

標準的な GUI の仕組みだけでなく、以下の 4 種類の RViz2 プラグインの移行も完了しています。

・Display

・Tool

・View Controller

・Panel

第 6 章　ROS 2 に対応したツール／パッケージ

　ユーザがよく目にする Display プラグインの一覧が**表 6-1** です。RViz2 をヘッドマウントディスプレイで使用し、立体視で描画するための Stereo プラグインが移行されていませんが、利用用途は限られており、問題にはなりません。

表6-1　ROS 2 移行済みの Display プラグイン

Display	内容
Axes	座標軸の描画
Camera	sensor_msgs/Image と sensor_msgs/CameraInfo に基づくカメラ画像の描画 （カメラから見た RViz のレンダリング状態も重畳される）
DepthCloud	sensor_msg/Image に基づくカラー画像と距離画像を統合した画像の描画
Effort	sensor_msgs/JointStates に基づく関節角トルクの描画
Fluid Pressure	sensor_msgs/FluidPressure に基づく流体の圧力の描画
Grid	平面に沿った 2 次元、3 次元グリッド線の描画
Grid Cells	nav_msgs/GridCells に基づくセルの描画
Illuminance	sensor_msgs/Illuminance に基づく照度の描画
Image	sensor_msgs/Image に基づくカメラ画像
Interactive Marker	visualization_msgs/InteractiveMarker に基づくマウス操作可能な矢印の描画
Laser Scan	sensor_msgs/LaserScan に基づく LiDAR データの描画
Map	nav_msgs/OccupancyGrid に基づく 2 次元地図の描画
Marker	visualization_msgs/Marker に基づく任意のプリミティブ形状の描画
Marker Array	visualization_msgs/MarkerArray に基づく任意のプリミティブ形状列の描画
Odometry	nav_msgs/Odometry に基づくオドメトリ位置の描画
Point Cloud 1, 2	sensor_msgs/PointCloud, sensor_msgs/PointCloud2 に基づくポイントクラウドの描画
Point	geometry_msgs/PointStamped に基づく小球の描画
Polygon	geometry_msgs/Polygon に基づくポリゴンの外形の描画
Pose	geometry_msgs/PoseStamped に基づく座標系矢印の描画
Pose Array	geometry_msgs/PoseArray に基づく座標系矢印列の描画
Pose With Covariance	geometry_msgs/PoseWithCovariance に基づく Pose と共分散[注7] の描画
Range	sensor_msgs/Range に基づくソナーセンサーデータの描画
Relative Humidity	sensor_msgs/RelativeHumidity に基づく 0~1 の湿度状態の描画
Robot Model	tf/tfMessage と robot_description パラメータに基づくロボットモデルの描画
Temperature	sensor_msgs/Temperature に基づく温度（セルシウス度）の描画
TF	tf/tfMessage に基づく座標系の描画
Wrench	geometry_msgs/WrenchStamped に基づく矢印と円の描画

注7　2 組の対応するデータ間での、平均からの偏差の積の平均値です。PoseWithCovariance メッセージは位置姿勢とその確からしさを座標系矢印の大きさで表現します。

130

6-3 データ可視化ツール RViz2

RViz はクロスプラットフォームに対応したアプリケーションフレームワークのQt[注8]を使って実装されているため、Windows や macOS でも動作します。Windowsは正式サポートしており、公式バイナリが提供されています。macOS はコミュニティサポートなので、ソースコードビルドする必要があります。

また、ROS 2 移行の際に RViz2 の内部設計が見直されましたが、ユーザにとっては使い方にほとんど違いがありません。そのため、ROS 1 版の RViz のユーザマニュアルがそのまま再利用できます。ROS Wiki[注9] などの資料をご覧ください。

ただし、ROS 2 で導入された QoS に関しては注意が必要です。4-4-3 項で説明した送信側と受信側で QoS 設定に互換性がないと通信を確立できない仕様は RViz2 も同様です。特にロボットの URDF データ（robot_description と呼ばれます）の受け渡しは ROS 1 ではパラメータでしたが、ROS 2 ではトピックに変更されました。RViz2 でロボットを描画する際は、QoS 設定とトピック使用の 2 点にご注意ください。

図6-1　RViz での URDF データ設定

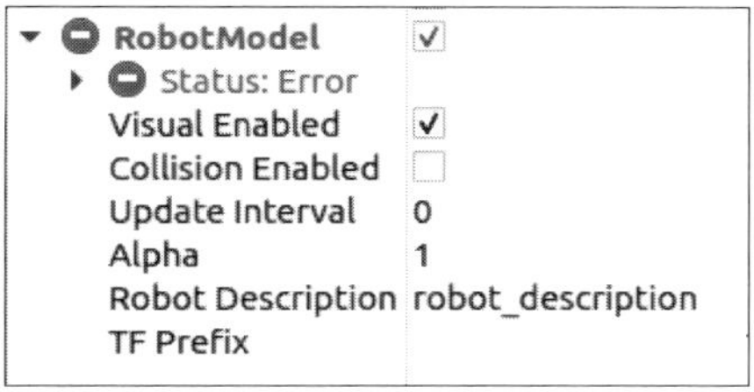

図6-2　RViz2 での URDF データ設定

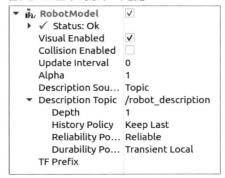

注8　https://www.qt.io
注9　http://wiki.ros.org/ja/rviz

第6章　ROS 2に対応したツール／パッケージ

RViz2プラグインの開発方法のドキュメントもあります[注10]。このドキュメントと
RVizのデフォルトプラグインのソースコードを頼りにして、独自のプラグインを追
加することもできます。

6-4　ナビゲーションパッケージNav2

ROSにおける最重要パッケージの一つがナビゲーションパッケージ[注11]です。ナ
ビゲーションは与えられた地図に対して、現在のセンサーデータから自己位置を推
定し、目標位置に移動する機能を提供します。ナビゲーションパッケージはNav2と
名前を変えてROS 2移行を完了させ、すでにROS 1にはなかったさまざまな改善
や追加機能が実現されています。

● **Nav2 1.0.0 documentation**

https://docs.nav2.org/

Nav2はCrystal Clemmysでリリースされ、この時点でユーザは使い始めていま
した。そして2023年、Open Navigation[注12]という非営利組織が発足され、その開発
は加速しています。代表的な機能を挙げても、その機能の豊富さに驚きを覚えるで
しょう。

・地図の読み込み、管理、保存
・ロボットの地図上の自己位置推定
・ロボットの外形を考慮した経路計画
・計画された経路の追従制御と動的な経路修正による障害物回避
・連続的な速度制御のための経路計画のスムージング
・経路計画で扱うためのセンサーデータの変換
・ビヘイビアツリーを使った高度にカスタマイズ可能なロボット行動ルールの構築

注10　https://github.com/ros2/rviz/blob/ros2/docs/plugin_development.md
注11　ROS 1 Groovy Galapagosがリリースされる以前は、パッケージをまとめたものをスタックと呼んで別物
　　　扱いしていましたが、Groovy以降はスタックがなくなり、代わりにメタパッケージという仕組みに変更
　　　されました。しかし、歴史的背景からナビゲーションパッケージだけは、今でもナビゲーションスタック
　　　とも呼ばれています。
注12　https://www.opennav.org

132

- 移動失敗、通行人の干渉などに対処するための定義済みロボット行動ルール
- 経由点追従
- ライフサイクルやウォッチドッグを使った監視機能
- 独自のアルゴリズムやロボット行動ルールを実現しやすくする動的プラグイン読み込み
- 緊急停止などのための生センサーデータ監視機能
- Nav2内部にアクセスできるPython 3 API

　Nav2の目標地点は前述したRViz2からも簡単に指定できます。RViz2のツールバーにある2D Goal Poseボタン（**図6-3**の点線）を押すと、マウス操作でロボットのXY位置と回転角度を与えられます。Nav2はその目標地点にしたがって自動で経路計画、経路追従を実行します。

図6-3 RViz2の2D Goal Pose機能を使った目標地点指定

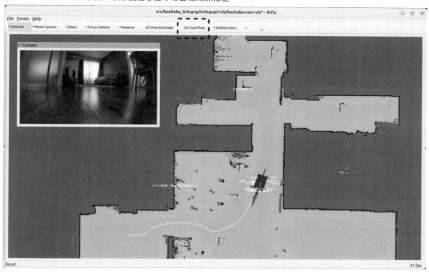

　インストール手順も非常に簡単です。

```
$ sudo apt install ros-$ROS_DISTRO-navigation2 ros-$ROS_DISTRO-nav2-bringup
```

第6章　ROS 2に対応したツール／パッケージ

6-5　動作計画パッケージMoveIt

　Nav2と双璧をなす最重要パッケージが動作計画パッケージMoveItです。マニピュレータなどのロボットの関節構造とアクチュエータの制御方法を記述した構成ファイルを用意してロボットコントローラとつなげば、簡単なセットアップ手順を進めるだけでロボットの動作計画ができるようになります。

● MoveIt 2 Documentation

https://moveit.picknik.ai/

　ROS 2版MoveItは2020年に正式リリースされました。現在では以下のような機能を備えます。

- ・障害物環境を考慮した多関節を持つロボットの軌道生成
- ・把持をともなう環境とのインタラクションや計画
- ・ロボットの姿勢から関節角への逆運動学計算
- ・時系列の関節角の軌道列に基づくロボットのアクチュエータ制御
- ・深度センサーデータから3次元占有格子地図への変換
- ・幾何学基本形状やメッシュ、ポイントクラウドに基づく障害物検知

　さらにMoveIt Task Constructorを使えば、産業用ロボットの一連のタスクプログラムを記述、実行することも可能になってきました。ただし、オリジナルのロボットをMoveItで動かそうと思っても設定ファイルの編集が容易ではありませんでした。2023年、念願のMoveIt Setup Assistantがリリースされ、この状況は大幅に改善されました。これを使えば、ユーザはURDFファイルを用意してGUIを操作するだけで、MoveItの設定ファイルを自動生成できます。

134

図6-4 MoveIt Setup Assistant を使ったMoveIt設定ファイル作成（https://moveit.picknik.ai/main/doc/examples/setup_assistant/setup_assistant_tutorial.html より転載）

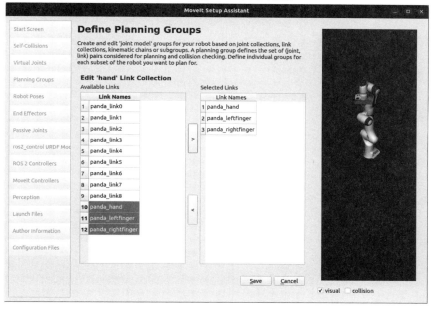

　また、数年前から固定されたロボットだけでなく、移動を含むロボットにも対応が進んでいます。**図6-5** は Hello Robot 社の Stretch というモバイルマニピュレータの移動を含む全身動作計画の様子を表しています。MoveIt は動的障害物を回避する機能も備えるため、Nav2 と同様に移動物体を避けながら進む全身動作が計画されます。今後は長距離移動は Nav2、近距離移動と全身動作は MoveIt が担っていくのかもしれません。

第6章 ROS 2に対応したツール／パッケージ

図6-5 Stretchの移動を含む全身動作計画（https://www.youtube.com/watch?v=pmpdBpE_Rng より転載）

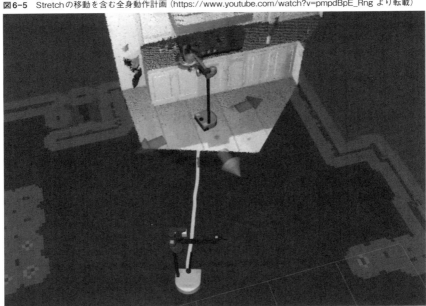

インストール手順は以下のメタパッケージをインストールするだけです。

```
$ sudo apt install do apt install ros-$ROS_DISTRO-moveit
```

6-6 ロボット制御パッケージros2_control

ros2_controlはロボットの（リアルタイム）制御のためのフレームワークです。実はNav2が速度指令でロボットを移動できるのも、MoveItが関節角、関節角速度、トルク指令でロボットを制御できるのも、このros2_controlがあるからです。

● **Welcome to the ros2_control documentation!**
　https://control.ros.org/

ros2_controlとあるように、ROS 1の時代にはros_controlという同様のフレーム

ワークがあり、ros2_control はその ROS 2 版です。ROS 1 版より ROS のエコシステムに深く融合するように再設計されていることが特徴の一つです。ros2_control はコントローラ（関節角制御、速度制御など）の管理機能とハードウェア（アクチュエータ、センサーなど）の管理機能があります。このコントローラやハードウェアは 4-2 節で説明したコンポーネント指向プログラミングの仕組みでプラグインとして扱うように設計されています。4-4 節で説明したライフサイクルの仕組みを使って、外部ノードからコントローラの実行状態を動的に制御することも可能です。

また、ros2_control も ROS 2 フロントエンドツールのサブコマンド control からさまざまな機能を呼び出せます。

```
$ ros2 control list_controllers  # ロード済みコントローラのリストアップ
$ ros2 control list_controller_types
  # 利用可能なコントローラの種類のリストアップ
$ ros2 control list_hardware_components
  # 利用可能なハードウェアのリストアップ
$ ros2 control list_hardware_interfaces
  # 利用可能なハードウェアの入出力インタフェースのリストアップ
$ ros2 control load_controller  # コントローラのロード
$ ros2 control reload_controller_libraries
  # コントローラライブラリの再読み込み
$ ros2 control set_controller_state  # コントローラの状態設定
$ ros2 control set_hardware_component_state  # ハードウェアの状態設定
$ ros2 control switch_controllers  # コントローラの切り替え
$ ros2 control unload_controller  # コントローラのアンロード
$ ros2 control view_controller_chains
  # ロード済みコントローラの描画とPDF出力
```

インストール手順は以下の二つのメタパッケージをインストールするだけです。

```
$ sudo apt install ros-$ROS_DISTRO-ros2-control ros-$ROS_DISTRO-ros2-⏎
controllers
```

6-6-1 ROBOTIS DYNAMIXEL サーボモータの ros2_control対応

参考として、筆者を中心に開発している研究用やホビー用などで幅広く利用され

第 6 章　ROS 2 に対応したツール／パッケージ

ている ROBOTIS のサーボモーター DYNAMIXEL の ros2_control 実装と、市販の
ROBOTIS OpenMANIPULATOR-X^{注13} への対応を行ったリポジトリを紹介します。

● **dynamixel_hardware**

　https://github.com/dynamixel-community/dynamixel_hardware

● **dynamixel_hardware_examples**

　https://github.com/dynamixel-community/dynamixel_hardware_examples

　ros2_control のおかげで、DYNAMIXEL で構成されたロボットであれば、何でも
位置制御と速度制御（トルク制御にも対応予定）で動作させることができます。

　OpenMANIPULATOR-X のための ros2_control 設定を以下に示します。hardware
要素には必要となるハードウェア実装のプラグイン情報を書き、joint 要素にはロボッ
トを構成する各関節の対応インタフェースの情報を書きます。サーボ ID やシリアル
ポートなどの設定も記述できるので、接続するコンピュータやロボット構成の違いを
実行時に吸収できます。

■ **open_manipulator_x.ros2_control.xacro（抜粋）**

```
 1:  <?xml version="1.0"?>
 2:  <robot xmlns:xacro="http://www.ros.org/wiki/xacro">
 3:    <xacro:macro name="open_manipulator_x_ros2_control" params="name">
 4:      <ros2_control name="${name}" type="system">
 5:        <hardware>
 6:          <plugin>dynamixel_hardware/DynamixelHardware</plugin>
 7:          <param name="usb_port">/dev/ttyUSB0</param>
 8:          <param name="baud_rate">1000000</param>
 9:          <!-- <param name="use_dummy">true</param> -->
10:        </hardware>
11:        <joint name="joint1">
12:          <param name="id">11</param>
13:          <command_interface name="position"/>
14:          <command_interface name="velocity"/>
15:          <state_interface name="position"/>
16:          <state_interface name="velocity"/>
17:          <state_interface name="effort"/>
```

注13　https://emanual.robotis.com/docs/en/platform/openmanipulator_x/overview/

6-6 ロボット制御パッケージ ros2_control

```
18:        </joint>
19:        ...
20:        <joint name="gripper">
21:          <param name="id">15</param>
22:          <command_interface name="position"/>
23:          <command_interface name="velocity"/>
24:          <state_interface name="position"/>
25:          <state_interface name="velocity"/>
26:          <state_interface name="effort"/>
27:        </joint>
28:      </ros2_control>
29:    </xacro:macro>
30: </robot>
```

インストール手順は簡単で、以下のパッケージをインストールするだけです。

```
$ sudo apt install ros-$ROS_DISTRO-dynamixel-hardware
```

第7章 ROS 2エコシステム

第7章 ROS 2エコシステム

7-1 広がるROS 2のエコシステム

　ロボットソフトウェア開発のためのミドルウェアから始まった ROS ですが、その利便性、汎用性の高さからロボットソフトウェア以外の開発にも広がりを見せています。

　本章では、OSRA が ROS 2 とともに開発主導しているロボットシミュレータ Gazebo とフリート管理ソフトウェア Open-RMF に加えて、外部開発者が独自に開発し、ROS 2 のエコシステムと深く連携するソフトウェアの一部を取り上げます。これらのソフトウェアは ROS 2 の通信機能やビルドシステムに対応させることで、ROS 2 ユーザは ROS 2 の流儀から外れることなく容易に自分のロボットソフトウェアに導入することが可能です。

7-2 ロボットシミュレータGazebo

　ロボット開発には物理シミュレータが不可欠です。実機ロボットを所有していなくても、ロボットのためのアルゴリズムを開発したい人はいますし、ソースコードを修正するたびに実機を使ってアプリケーションのデバッグを行っていては日が暮れてしまいます。Gazebo は OSRA が ROS 2 とともに管理する三大プロジェクトの一つで、ロボットのための物理シミュレーションを実現します。

　ROS 1 を使っていて Gazebo をご存知の方であれば、最新版の Gazebo のシミュレーション画面を見ると驚くことでしょう。UI 要素の構成や描画がゼロから見直されており、Material Design を取り入れたモダンな UI フレームワークによる実装に

140

置き換わっています[注1]。実際の UI は従来どおり Qt で実装されているので、HTML
に置き換わったわけではありません。

図7-1 Gazeboのシミュレーション画面

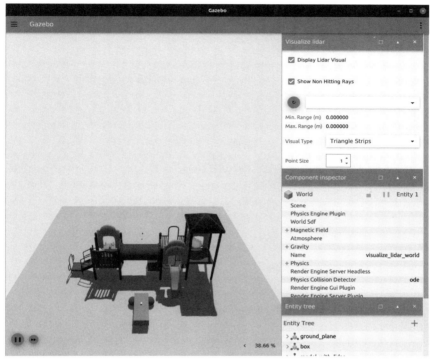

　現在は Gazebo というと、ロボットシミュレータそのものを指すのが当たり前で
すが、歴史を紐解くと迷いが見える時期もありました。

● Gazebo Classic

　ROS 1 の時代から存在するロボットシミュレータです。元々は単に Gazebo と
呼ばれていました。2025 年 1 月にサポート完全終了を予定しています[注2]。

注1　https://doc.qt.io/qt-6/qtquickcontrols-material.html
注2　https://community.gazebosim.org/t/gazebo-classic-end-of-life/2563

第 7 章　ROS 2 エコシステム

- **Ignition**

  2019 年に登場した Ignition は、Gazebo Classic の内部実装を見直し、Ignition フレームワークというさまざまなコンポーネントに分離してシミュレータを再実装しました[注3]。紛らわしいのですが、その UI のみを指す名前として Ignition Gazebo もありました。

- **Gazebo**

  Ignition という名前は Gazebo との関係性がわかりづらいという意見を受け、2022 年 4 月に再度 Gazebo という名前に戻りました[注4]。それにともない、旧実装の Gazebo は Gazebo Classic と呼ばれるようになりました。

Gazebo は ROS と親和性の高い物理シミュレータです。しかし、ROS とはプロジェクトそのものやソースコード資産が分離して開発されているため、Gazebo と ROS 2 のネットワーク同士を仲介するブリッジが必要です。内部通信に ROS 2 は DDS、Gazebo は Protocol Buffers[注5] を採用しているためです。

- **ros_gz_bridge**

  https://github.com/gazebosim/ros_gz/tree/ros2/ros_gz_bridge

Gazebo は ROS と同じく OSRA が管理するプロジェクトであるため、ROS 公式の APT パッケージリポジトリからインストールできます。

```
$ sudo apt install ros-$ROS_DISTRO-ros-gz
```

Gazebo は ROS 2 とは別の独立したリリース周期で開発されているため、ROS 2 のディストリビューションと Gazebo のディストリビューションの組み合わせを変更することは可能です。例えば、Gazebo の最新ディストリビューションである Gazebo Harmonic を厳密に指定したい場合には、以下のようにインストールパッケージを変更します。インストールされるパッケージは上記と一緒です。

注3　https://classic.gazebosim.org/blog/acropolis
注4　https://community.gazebosim.org/t/a-new-era-for-gazebo/1356
注5　https://protobuf.dev

```
$ sudo apt-get install ros-$ROS_DISTRO-ros-gzharmonic
```

　ただし、もし標準の組み合わせではない Gazebo ディストリビューションを使ってしまうと、ディストリビューションごとの変更内容や各種設定の違いなどを考慮しなければならず[注6]、おすすめはしません。本書で扱う ROS 2 Jazzy Jalisco で Gazebo を使うときは、特に理由がなければ Gazebo Harmonic を使いましょう。

7-3　フリート管理ソフトウェア Open-RMF

　ROS はあくまでも単一のロボットの開発、運用に特化したミドルウェアです。もちろん、名前空間を適切に分ければ複数のロボットを同時に扱うことは可能ではあるのですが、さまざまな困難と不都合が生じるのが現実です。一方で、現実世界ではロボットが 1 台で運用されることは稀です。工場やレストラン、オフィス、病院、道路では、複数ロボットあるいは万単位のロボットがお互いに協調しながら、システム全体の整合をとりながら働く必要が出てきます。

　そのために必要となるものがフリート管理ソフトウェアです。フリートとは「ものの集まり」つまり本書では「ロボットの集まり」を意味します。OSRA はこのロボットの集まりを管理するために三大プロジェクトの一つ、Open-RMF を開発しています。

　Open-RMF は主に移動ロボットの群制御に特化しています。産業用ロボットのインテグレーションのような例も一部存在しますが、基本的に物流工場で大量に走り回る AMR（自律移動ロボット）に代表されるような移動ロボット群の運用を目的として開発が進んでいます。特に、Open-RMF はシンガポール政府による強力なサポートによって支えられており[注7]、病院内搬送や空港内搬送の稼働実績が豊富にあります。

注6　https://gazebosim.org/docs/latest/ros_installation
注7　https://www.openrobotics.org/blog/2021/2/10/romi-h-bringing-robot-traffic-control-to-healthcare

第 7 章 ROS 2 エコシステム

図7-2　Gazeboを使った空港シミュレーション

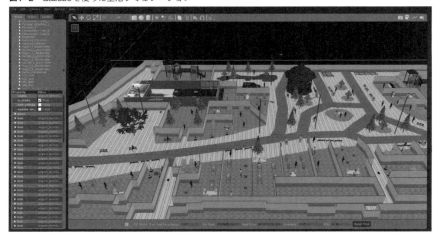

図7-3　Open-RMFによる空港内の交通整理

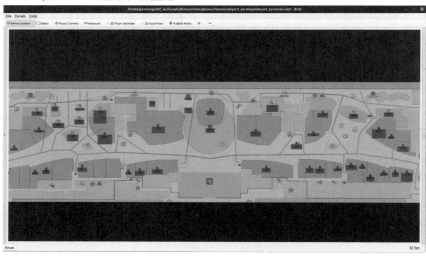

Open-RMFは以下のような機能を提供しています。

● **Traffic Editor**

　Traffic Editorは平面図の作成とアノテーションを行うGUIです。**図 7-3**に示

7-4　ROS 2 Web アプリケーション作成のための Robot Web Tools

すようなロボットが通ることができる通路や定点、壁面などを設定できます。
この設定は YAML ファイルに書き出されます。

● **Free Fleet**

独自のフリート管理ソフトウェアを持たないロボット開発者のためのオープン
ソースソフトウェアのフリート管理ソフトウェアです。

● **RMF Schedule Visualizer**

RViz2 を使って Open-RMF の管理機能の可視化と制御を行うためのパネルを
提供します。

● **RMF Web UI**

独自の Web アプリケーション実現のための Web コンポーネントを提供します。

● **RMF Simulation**

Gazebo でのシミュレーションのためのプラグインを提供します。図 7-2 は
Gazebo Classic が使われていますが、新しい Gazebo にも対応し始めています。

　Open-RMF も Gazebo と同様に ROS の APT パッケージリポジトリからインス
トールできます。必要となるパッケージをすべて列挙するのは手間ですが、Open-
RMF のデモパッケージである rmf_demos[注8] に依存パッケージがすべて含まれてい
るため、こちらをインストールするのが手軽です。

```
$ sudo apt install ros-$ROS_DISTRO-rmf-demos-gz
```

7-4　ROS 2 Web アプリケーション作成のための Robot Web Tools

　ROS 2 は通信プロトコルに DDS を採用することで、高性能かつ柔軟なコン
ピュータ内通信やコンピュータ間通信を実現しました。しかし、昨今使われるデバ
イスはコンピュータだけではなく、スマートフォンやタブレットのような携帯端末
もあります。これらで DDS を使用するために、DDS ベンダー実装や rmw/rcl を iOS
や Android に移植するのは一筋縄ではいきません。

注8　https://github.com/open-rmf/rmf_demos

第7章　ROS 2エコシステム

そこで、Robot Web Toolsの登場です。JSONを記述フォーマットに、WebSocket
を通信プロトコルに採用することで、ブラウザを備えるデバイスなら何でもROS 2の
エコシステムに接続できるようになります。

● **Robot Web Tools**

　　https://robotwebtools.github.io

よく使われている代表的なツールをいくつか紹介します。

7-4-1　WebSocketブリッジサーバ rosbridge_suite

ROSメッセージフォーマットをJSONに変換し、DDS通信とWebSocket通信
を双方向通信させるブリッジ機能を提供するのがrosbridge_suiteです。トピック、
サービスだけでなく、2023年にはアクションのブリッジにも対応しました[注9]。次項
以降で取り上げるその他のRobot Web Toolsを使うには、このrosbridge_suiteを
必ず実行しておく必要があります。

● **rosbridge_suite**

　　https://github.com/RobotWebTools/rosbridge_suite

ブリッジの起動はlaunchファイルを使えば簡単です。

```
$ sudo apt install ros-$ROS_DISTRO-rosbridge-suite
$ ros2 launch rosbridge_server rosbridge_websocket_launch.xml
```

7-4-2　JavaScriptクライアントライブラリ roslibjs

上記launchファイルから起動されるrosbridge_serverと通信するJavaScriptク
ライアントライブラリがroslibjsです。クライアントサイドのJavaScript環境だけ
でなく、サーバサイドのNode.js環境でも動作します。

roslibjsを使って目標速度を送信する最小限のJavaScriptコードを以下に示し
ます。サーバの接続先URLがws://から始まるWebSocketである点、Twist型の

注9　https://github.com/RobotWebTools/rosbridge_suite/pull/886

7-4 ROS 2 Web アプリケーション作成のための Robot Web Tools

メッセージを JSON オブジェクトで記述している点が読みとれると思います。

```
 1: import ROSLIB from 'roslib';
 2:
 3: var ros = new ROSLIB.Ros({
 4:   url: 'ws://localhost:9090'
 5: });
 6:
 7: var cmdVel = new ROSLIB.Topic({
 8:   ros: ros,
 9:   name: '/cmd_vel',
10:   messageType: 'geometry_msgs/Twist'
11: });
12:
13: var twist = {
14: linear: { x: 0.1, y: 0.2, z: 0.3 },
15: angular: { x: -0.1, y: -0.2, z: -0.3 }
16: };
17: cmdVel.publish(twist);
```

rosbridge_suite に対応するクライアントは JavaScript だけではありません。その他にも以下のようなクライアントライブラリが開発されています。

● **jrosbridge**

rosbridge の Java クライアントライブラリ

https://github.com/rctoris/jrosbridge

● **roslibpy**

rosbridge の Python クライアントライブラリ

https://roslibpy.readthedocs.io/en/latest/

● **roslibrust**

rosbridge の Rust クライアントライブラリ

https://docs.rs/roslibrust/latest/roslibrust/

これらのクライアントライブラリは、軽量かつ、DDS や rmw/rcl に関連する依存パッケージをインストールしなくて済むため、ラピッドプロトタイピング目的では

便利です。

7-4-3 ブラウザ可視化ツール ROSBoard

ROS 2 のトピックをブラウザで可視化するツールの一つが ROSBoard です。文字列やグラフだけでなく、画像や LiDAR の描画にも対応しています。ROSBoard は APT パッケージリポジトリに登録されていないため、ソースコードビルドしてインストールする必要があります。

● **rosboard**

https://github.com/dheera/rosboard

図7-4 ROSBoardのブラウザ画面

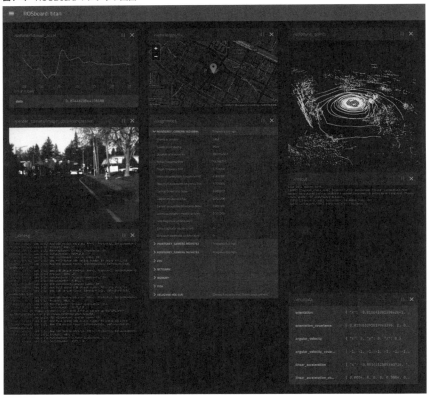

以前は Foxglove Studio という、より高機能で商用サポートも可能な OSS が存在しましたが、2024 年 3 月にリリースされた Foxglove 2.0 以降は OSS 提供を中止し、プロプライエタリなソフトウェアになりました[注10]。

≡ 7-5　組み込み向けROS 2実装mROS 2

ROS 2は**表1-2**で紹介したとおり、高性能な PC だけでなく組み込みプラットフォームにも対応していることが特徴の一つです。ROS 2 の組み込み向け実装には、大きく分けて以下の 2 種類が提供されています。

● **micro-ROS**

豊富な組み込みボードに対応し、rclc に完全準拠しているため、すべての ROS 2 機能を提供できます。ただし、組み込みノード・PC ノード間の通信を仲介するエージェント[注11]を実行しておく必要があります。DDS ベンダーの一つである eProsima が開発を主導しているため、商用サポートが可能です。

● **mROS 2**

rclcpp に部分的にしか準拠していないため、現在は QoS の部分的なサポートしかしていません。その代わり、上記のようなエージェントが不要です。対応する組み込み環境は限定的ですが、その分リアルタイム性能面では micro-ROS より優れています。mROS 2 がエージェントなしで実行できる理由の一つは、DDS 実装に組み込みプラットフォーム向けのものを採用しているからです[注12]。

本書のプログラムの記述に採用している C++ 言語と rclcpp に対応していることから、mROS 2 を紹介します。

● **mros2**

https://github.com/mROS-base/mros2

注10　https://foxglove.dev/blog/foxglove-2-0-unifying-robotics-observability

注11　DDS-XRCE（DDS eXtremely Resource Constrained Environmentsの略）という組み込み向けのDDSプロトコルとPC向けのDDSプロトコルを相互変換する機能を提供します。

注12　https://github.com/mROS-base/embeddedRTPS

第7章　ROS 2 エコシステム

　mROS 2 は std_msgs のトピック通信に標準対応しています。ヘッダーファイルの自動生成スクリプトを使うことで独自のメッセージ定義型の通信も可能です[注13]。ただし、組み込み環境であるため、動的なメモリ確保が必要な配列には対応していません。

　mROS 2 が 2024 年 6 月現在サポートしている組み込みプラットフォームは全部で 4 種類です。2022 年に POSIX にもプラットフォーム対応したため、すべての Linux PC で利用できるようになりました。つまり、入手性の良い Raspberry Pi でも実行することが可能になったわけです。

表7-1　mROS 2 サポートプラットフォーム

カーネル	対応ボード	メンテナンス状況
TOPPERS/ASP3	STM32 NUCLEO-F767ZI	優
Mbed OS 6	有線 LAN ポート付き Mbed 対応ボード	優
ESP-IDF FreeRTOS	無線 LAN ポート付き ESP32 ボード	優
POSIX (pthread)	LINUX PC	良

　mROS 2 のサンプルコードを見てください。

```
https://github.com/mROS-base/mros2-host-examples/blob/main/mros2_pub_
uint16/src/pub_node.cpp
```

　これらのサンプルコードは UInt16 型の整数を 1 秒ごとにトピック送信するプログラムです。これまで rclcpp を使って紹介してきたソースコードとまったく同じ記述方法でプログラミングできることがわかります。これは組み込みプログラミングをしたことがある経験者から見ると、実は驚きに値することです。上位層（アプリケーション層）のプログラミング経験がある方が、すぐに下位層（組み込み層）のプログラミングに取り組むことができることを意味します。

```
1: class Publisher : public rclcpp::Node
2: {
3: public:
```

注13 https://github.com/mROS-base/mros2?tab=readme-ov-file#generating-header-files-for-custom-msgtypes

```
 4:    Publisher() : Node("pub_mros2"), count_(0) {
 5:      publisher_ = this->create_publisher<std_msgs::msg::UInt16>(
 6:          "to_stm", 10);
 7:      timer_ = this->create_wall_timer(
 8:          1000ms, std::bind(&Publisher::timer_callback, this));
 9:    }
10:
11:  private:
12:    void timer_callback() {
13:      auto message = std_msgs::msg::UInt16();
14:      message.data = count_++;
15:      RCLCPP_INFO(this->get_logger(), "Publishing msg: '%u'", message.data);
16:      publisher_->publish(message);
17:    }
18:
19:    rclcpp::TimerBase::SharedPtr timer_;
20:    rclcpp::Publisher<std_msgs::msg::UInt16>::SharedPtr publisher_;
21:    uint16_t count_;
22:  };
23:
24:  int main(int argc, char * argv[]) {
25:    rclcpp::init(argc, argv);
26:    rclcpp::spin(std::make_shared<Publisher>());
27:    rclcpp::shutdown();
28:    return 0;
29:  }
```

≡ 7-6　自動運転ソフトウェア Autoware

　屋内の移動ロボットのナビゲーションを行う Nav2 に対して、屋外の自動車のナ
ビゲーションを行うのが Autoware です。Autoware は The Autoware Foundation
という非営利団体を組織して開発が進められています。2024 年 6 月現在、プレミア
ムメンバーの 18 企業を含む 80 以上の企業、業界団体、学術機関が参画しています。

● **Home Page － Autoware**

　　https://autoware.org

第7章 ROS 2 エコシステム

　Autowareは自動運転車を実現するために必要なすべてのソフトウェアコンポーネントを提供しています。**図7-5**のSensorsで得られた生のセンサーデータにノイズ除去や補正を施し（Sensing）、地図データ（Map Data）、Vehicle Interfaceから取得するオドメトリ[注14]などを組み合わせて自己位置推定（Localization）を行います。その上で、信号や道路の物体認識（Perception）も組み合わせて経路計画を行い（Planning）、車両（Vehicle）のアクセルとステアリングの制御量を計算し（Control）、実際に移動させます。

図7-5　Autowareのシステム構成図（https://github.com/autowarefoundation/autoware より転載）

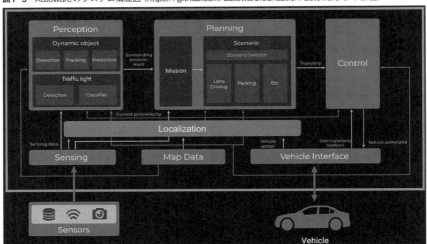

　本物の車両を使った実験を行うには、さまざまな車両の改造が必要です。センサー、計算機、Vehicle Interfaceへの対応、3次元高精度地図などを用意し、さらに国土交通省など道路を管理する組織から許諾を得て初めて実験が行えます。この課題に対して、ティアフォーは車両やセンサー、道路環境をシミュレーションする包括的なシミュレータAWSIMを開発しています。

注14　車輪やステアリングの回転角度の計算から、それぞれの移動量を求め、その累積計算からロボットの位置を推定する手法の総称です。

図7-6 自動運転車のためのシミュレータAWSIM (https://github.com/tier4/AWSIM より転載)

　AutowareおよびAWSIMを試用するには、Dockerを用いたコンテナ実行が便利です。インストール手順は時々刻々変更されていくため、リンク先の資料をご確認ください。

● **Open AD Kit: containerized workloads for Autoware**
　https://autowarefoundation.github.io/autoware-documentation/main/installation/autoware/docker-installation/

7-7　GPUアクセラレーションNVIDIA Isaac ROS

　これまでロボットプログラムの計算には、深層学習モデルの実行のような一部のケースを除けば主にCPUが使われてきました。しかし、画像処理、動作計画、SLAMなど高負荷な計算を要するプログラムはたくさん存在します。
　そこで登場するのが、GPUによってこれらの計算をオフロード[注15]するだけでなく、高速化するGPUアクセラレーションのソリューションであるNVIDIA Isaac ROSです。NVIDIAのGPUカードやJetsonプラットフォームなどのハードウェア

注15　一部の処理を他のシステムやデバイスに移して負担を軽減することをオフロードと表現します。ここではCPUでの計算処理をGPUに移しています。

プラットフォームと、CUDA や TensorRT、VPI、Argus などのハードウェアアクセラレーション技術基盤を最大限活用し、実現されています。

● **NVIDIA Isaac ROS**

```
https://nvidia-isaac-ros.github.io
```

筆者が使用したことがあり、特に有用だと思うものを三つ紹介します。

7-7-1　DNN Inference Nodes

一つ目は RGB カメラと深層学習を使った画像分類、物体認識、セマンティックセグメンテーション、姿勢推定などの推論を実行する ROS 2 ノードを起動する DNN Inference Nodes です[注16]。世間ですでによく知られている公開済み学習モデルであれば、すぐに使い始めることができます。学習モデルを NVIDIA GPU や Jetson プラットフォーム上で動かす際にモデル自体を変換し、高速化、軽量化を実現する TensorRT[注17] にも対応しているため、実行性能も非常に高いです。

図7-7　対応するビジョンベースの深層学習アルゴリズム（https://github.com/dusty-nv/jetson-inference より転載）

[注16] 実際には Isaac ROS ファミリーではなく NVIDIA 社員の個人プロジェクトの成果物ではありますが、一番 GPU アクセラレーションの効き目がわかりやすいため、最初に取り上げました。

[注17] https://docs.nvidia.com/deeplearning/tensorrt/

7-7-2 Isaac ROS Visual SLAM

　二つ目は RGB カメラ情報のみから自己位置推定を行い、外部のナビゲーションソフトウェアのためのオドメトリ情報として利用できる機能を持つ Isaac ROS Visual SLAM です。特徴点計算とマッチングを GPU アクセラレーションで実行することにより、CPU だけで実行する従来の技術より 10 倍近く高速に実行することが可能です。RGB カメラからステレオマッチング[注18] を使って深度情報も生成するため、二眼のステレオカメラが必要です。

● **isaac_ros_visual_slam**

https://github.com/NVIDIA-ISAAC-ROS/isaac_ros_visual_slam

7-7-3 Isaac ROS Nvblox

　最後は RGB ステレオカメラを使った3次元シーン再構成ソフトウェアである Isaac ROS Nvblox です。RGB カメラから得られるカラー情報とステレオマッチングで得られる深度情報を基に、環境の3次元形状をリアルタイムに復元します。人のセマンティックセグメンテーションが同時に動作しているため、人の情報を地図データから除去できる特徴があります。これにより、人が行き交うシーンの再構成も頑健に実行できるようになります。自己位置推定には二つ目の Visual SLAM によるオドメトリを利用しています。

● **isaac_ros_nvblox**

https://github.com/NVIDIA-ISAAC-ROS/isaac_ros_nvblox

注18　2枚の画像の各部についてマッチングを行うことで、画像間で対応する部位の位置の差を推定する方法です。

第8章 実践ROS 2 ロボットプログラミング

8-1 センサーとロボットを使ったROS 2プログラミング

これまでに学んできたROS 2の知識をすべて使って、実物のセンサーやロボットのROS 2アプリケーションプログラミングに挑戦しましょう。本章では以下の3種類のROS 2アプリケーションを開発します。

- カメラを使った画像処理と点群処理
- 移動ロボットを使ったNav2ナビゲーション
- マニピュレータを使ったMoveItマニピュレーション

ぜひ読者のみなさんも所有するセンサーやロボットに置き換えて、本章の内容に取り組んでみてください。最後までやり切れば、どんなROS 2アプリケーションも開発できる素養を身につけたといっても過言ではありません。

8-2 Intel RealSense D455を使ったOpenCV/PCLプログラミング

8-2-1 Intel RealSense D455のセットアップ

本節では、近年ロボット技術者の間で普及しているIntel製RealSenseカメラの一つであるD455[注1]を扱います。Linux用ドライバだけでなくROS 2ドライバがリ

注1 https://www.intelrealsense.com/depth-camera-d455/ D435などD455以外のRealSenseカメラでもかまいません。

8-2 Intel RealSense D455 を使った OpenCV/PCL プログラミング

リースされているため、簡単に使い始めることができます[注2]。

● **realsenes-ros**

https://github.com/IntelRealSense/realsense-ros

RealSense カメラは、現在では RGBD カメラ[注3] として広く普及したプラット
フォームになりました。RGB カメラによるカラー画像とステレオカメラ方式によ
る深度画像に加え、IMU も備えているため、1台でさまざまな用途に利用できます。
法人だけでなく個人でも購入でき、性能も良く、価格も手頃です。他社製品に先
駆けて、いち早く ROS 2 ドライバを提供しており、画像、深度センサーを使った
ROS 2 アプリケーションを開発するうえで、大いに役立つ存在です。APT パッケー
ジによるインストールに対応しているため、導入は非常に簡単です。

まず以下のセットアップ手順にしたがって、RealSense 自体の Linux ドライバを
インストールします。

● **librealsense/doc/distribution_linux.md**

https://github.com/IntelRealSense/librealsense/blob/master/doc/
distribution_linux.md

```
$ sudo mkdir -p /etc/apt/keyrings
$ curl -sSf https://librealsense.intel.com/Debian/librealsense.pgp | \
    sudo tee /etc/apt/keyrings/librealsense.pgp > /dev/null
$ echo "deb [signed-by=/etc/apt/keyrings/librealsense.pgp] ↵
https://librealsense.intel.com/Debian/apt-repo `lsb_release -cs` main" | \
    sudo tee /etc/apt/sources.list.d/librealsense.list
$ sudo apt-get update
$ sudo apt-get install librealsense2-dkms librealsense2-utils
```

これが終われば、ROS 2 ドライバのインストールは簡単です。

注2　第1版で紹介した https://github.com/intel/ros2_intel_realsense は開発が終了していますので、ご注意ください。

注3　RGBD カメラは色（RGB）と深度（D）の両方のデータをリアルタイムで出力するカメラの一種です。

第8章 実践 ROS 2 ロボットプログラミング

```
$ sudo apt install ros-$ROS_DISTRO-realsense2-camera
```

D455 を PC に接続し、以下のコマンドを実行してください。デフォルトでは点群出力が無効化されているため、点群を使いたい場合には pointcloud.enable 引数を有効化して実行する必要があります。

```
$ ros2 launch realsense2_camera rs_launch.py pointcloud.enable:=true
```

実行すると以下のようにカラー画像、カラー画像のカメラ情報、深度画像、深度画像のカメラ情報、点群、IMU などのトピックが出力されます。

```
$ ros2 topic list
/camera/color/camera_info   # RGBカメラの内部パラメータ
/camera/color/image_raw   # カラー画像
/camera/color/image_raw/compressed
/camera/color/image_raw/compressedDepth
/camera/color/image_raw/theora
/camera/color/metadata
/camera/depth/camera_info   # 深度カメラの内部パラメータ
/camera/depth/color/points   # 点群
/camera/depth/image_rect_raw   # 深度画像
/camera/depth/image_rect_raw/compressed
/camera/depth/image_rect_raw/compressedDepth
/camera/depth/image_rect_raw/theora
/camera/depth/metadata
/camera/extrinsics/depth_to_color
/camera/imu   # IMU
/parameter_events
/rosout
/tf_static
```

rviz2 を使って RealSense D455 のセンサー出力を描画してみましょう。**図 8-1** が rviz2 で点群とカラー画像、深度画像を描画した様子です。

図8-1 rviz2による点群の3次元描画と画像表示

8-2-2　OpenCVとcv_bridgeを使った顔画像検出

　続いて RealSense カメラから得られるカラー画像を使って画像処理を実践します。ROS 2 は画像処理ライブラリとしてデファクトスタンダードである OpenCV[注4] とも親和性が高いです。cv_bridge パッケージを利用することで、ROS 2 の sensor_msgs/Image 型と OpenCV の cv::Mat 型を相互変換する仕組みが利用できます。これにより、開発者は OpenCV の資産を簡単に ROS 2 でも再利用できるようになります。

● **vision_opencv**

　https://github.com/ros-perception/vision_opencv

　今回は OpenCV の顔検出機能を使って、受信したカラー画像から人の顔領域を検出し、四角形の枠を描画するプログラムを作成します。枠を描画した画像をウインドウ表示するだけでなく、トピックとして送信してみましょう。

注4　https://opencv.org/

第 8 章　実践 ROS 2 ロボットプログラミング

~/get-started-ros2/get-started-ros2/src/ros2_practice/src/face_detection.cpp（抜粋）

```cpp
class FaceDetection : public rclcpp::Node {
public:
  FaceDetection()
  : Node("face_detection")
  {
    cv::namedWindow(kWindowName);
    // haarcascadeのXMLファイルへのパス
    std::string classifier_path = declare_parameter("classifier_path",
      kClassifierPath);

    // haarcascadeのXMLファイルの読み込みに失敗すると実行中断
    if (!classifier_.load(classifier_path)) {
      RCLCPP_ERROR(this->get_logger(), "%s not found",
        classifier_path.c_str());
      std::abort();
    }

    rmw_qos_profile_t qos = rmw_qos_profile_sensor_data;
    // 顔検出結果のトピック送信
    pub_ = image_transport::create_publisher(this,
      "face_detection_result", qos);
    // RealSenseカメラのカラー画像のトピック受信
    sub_ = image_transport::create_subscription(this,
      "/camera/camera/color/image_raw",
      std::bind(&FaceDetection::ImageCallback, this,
      std::placeholders::_1), "raw", qos);
  }

  ~FaceDetection()
  {
    cv::destroyWindow(kWindowName);
  }

private:
  void ImageCallback(
    const sensor_msgs::msg::Image::ConstSharedPtr & msg)
  {
```

160

8-2　Intel RealSense D455 を使った OpenCV/PCL プログラミング

```
  cv_bridge::CvImagePtr cv_image;
  try {
    // sensor_msgs/Image型からcv::Mat型への変換
    cv_image = cv_bridge::toCvCopy(msg, msg->encoding);
  } catch (cv_bridge::Exception & e) {
    RCLCPP_ERROR(this->get_logger(), "%s", e.what());
    return;
  }

  // 顔検出処理
  cv::Mat gray;
  cv::cvtColor(cv_image->image, gray, cv::COLOR_BGR2GRAY);
  cv::equalizeHist(gray, gray);
  std::vector<cv::Rect> faces;
  classifier_.detectMultiScale(gray, faces, 1.1, 2,
    0 | cv::CASCADE_SCALE_IMAGE, cv::Size(30, 30));
  for (auto face: faces) {
    // 顔検出領域を四角い枠で描画
    cv::rectangle(cv_image->image, face, cv::Scalar(255, 0, 0), 2);
  }

  // 顔検出結果のウィンドウ表示
  cv::imshow(kWindowName, cv_image->image);
  cv::waitKey(1);
  // cv::Mat型からsensor_msgs/Image型への変換と顔検出結果画像の送信
  pub_.publish(cv_image->toImageMsg());
  }

  cv::CascadeClassifier classifier_;
  image_transport::Publisher pub_;
  image_transport::Subscriber sub_;
};
```

sensor_msgs/Image 型から cv::Mat 型へ変換している箇所が以下の部分です。画像トピックのコールバック関数の引数で得られた sensor_msgs/Image 型の msg を cv_bridge パッケージが提供する変数 cv_image に代入し、cv_image->image で OpenCV の cv::Mat 型の値を取得します。

第8章 実践 ROS 2 ロボットプログラミング

```
cv_bridge::CvImagePtr cv_image;
...
cv_image = cv_bridge::toCvCopy(msg, msg->encoding);
...
cv::cvtColor(cv_image->image, gray, cv::COLOR_BGR2GRAY);
```

　反対に cv::Mat 型から sensor_msgs/Image 型へ変換している箇所が以下の部分です。cv_bridge パッケージが提供する変数 cv_image の専用メソッドを呼び出して sensor_msgs/Image 型の値を取得します。

```
pub_.publish(cv_image->toImageMsg());
```

　また、このプログラムでは image_transport パッケージを利用しています。これは画像トピックを送受信するための便利なライブラリです。image_transport::Publisher,image_transport::Subscriber を使って画像トピックを送受信することで、非圧縮の生画像だけでなく、JPEG 形式などの圧縮画像の送受信に簡単に対応できます。

● **image_transport_plugins**

　　https://github.com/ros-perception/image_transport_plugins

　例えば、RealSense カメラのカラー画像のトピックを受信するソースコードを以下のように "raw" から "compressed" に変えるだけで、JPEG 形式の圧縮画像の受信に変更できます。

```
sub_ = image_transport::create_subscription(this,
  "/camera/camera/color/image_raw",
  std::bind(&FaceDetectionComponent::ImageCallback, this,
  std::placeholders::_1), "compressed", qos);
```

　生画像は通信量が非常に大きいため、通信帯域に制約がある場合には圧縮画像の送受信に変更するだけで、通信の課題が大きく改善されます。
　また、OpenCV を使った C++ アプリケーションを作成する際には、CMakeLists.

txt に例外的な記述が少し必要です。

~/get-started-ros2/get-started-ros2/src/ros2_practice/CMakeLists.txt（抜粋）

ご覧のように OpenCV ライブラリの発見とリンク部分の記述方法が、他のライブラリと異なることが読みとれます。使用する OpenCV のコンポーネントに応じてリンクするライブラリを変更する必要があるためです。OpenCV を使った ROS 2 アプリケーションを作る際に参考にしてください。

```
find_package(cv_bridge REQUIRED)
find_package(image_transport REQUIRED)
find_package(OpenCV REQUIRED COMPONENTS highgui imgproc objdetect)
```

```
# face_detectionノードのビルド設定
add_executable(face_detection src/face_detection.cpp)
ament_target_dependencies(face_detection
  "cv_bridge"
  "image_transport"
  "rclcpp"
  "sensor_msgs"
)
target_link_libraries(face_detection
  opencv_highgui
  opencv_imgproc
  opencv_objdetect
)
```

最後に顔画像検出を実行してみましょう。以下のように classifier_path パラメータを与えて実行します。

```
$ cd ~/get-started-ros2
$ ros2 run ros2_practice face_detection --ros-args -p classifier_path:=↵
$PWD/src/ros2_practice/config/haarcascade_frontalface_alt.xml
```

検出結果は OpenCV が描画するウィンドウに表示されます。**図 8-2** の例に示すように、人がカメラ内に映ると顔の領域が四角い枠で囲まれる様子が見てとれます。

図8-2 顔画像検出結果のウィンドウ

　classifier_path パラメータには画像の特定の部位検出のための特徴量[注5]を保存したファイルへのパスを設定します。本書のサンプルパッケージには config ディレクトリに正面を向いた顔領域を検出するための特徴量ファイルが保存されています。OpenCV のリポジトリには目だけの領域や、上半身、全身などの検出を行うためのさまざまな特徴量ファイルが用意されています。興味のある方は classifier_path を変えて試してみてください。

● **opencv/data/haarcascades/**
　https://github.com/opencv/opencv/tree/master/data/haarcascades

8-2-3　PCLとpcl_conversionsを使った点群サンプリング

　画像処理の次は点群処理です。点群処理ライブラリの一つである PCL[注6]を使って点群フィルタリングを行ってみましょう。OpenCV と同様に PCL にも pcl_conversions という ROS 2 の sensor_msgs/PointCloud2 型と PCL の pcl::PointCloud 型を相互変

注5　対象データの特徴を定量的な数値として表したものです。
注6　https://pointclouds.org/

8-2　Intel RealSense D455 を使った OpenCV/PCL プログラミング

換するパッケージが提供されています。これにより、開発者は PCL の資産を簡単に
ROS 2 でも再利用できるようになります。

● **perception_pcl**

　https://github.com/ros-perception/perception_pcl

　本節では PCL のボクセルグリッドフィルタリング[注7]による点群のサンプリング
機能を使って、受信した点群の総数を減らすプログラミングを行います。後工程の
点群処理を高速化、軽量化するための前工程として実用的なプログラムでも役立ち
ます。また、サンプリング後の点群をトピックとして送信してみましょう。

~/get-started-ros2/get-started-ros2/src_practice/src/ voxel_grid_filter.cpp（抜粋）

```cpp
class VoxelGridFilter : public rclcpp::Node {
public:
  VoxelGridFilter()
  : Node("voxel_grid_filter")
  {
    // ボクセルグリッドフィルタリングのパラメータ読み込み
    leaf_size_ = declare_parameter("leaf_size", 0.05);
    RCLCPP_INFO(this->get_logger(), "leaf_size: %f", leaf_size_);

    rclcpp::QoS qos(rclcpp::KeepLast(1));
    // 点群ダウンサンプリング結果のトピック送信
    pub_ =
      create_publisher<sensor_msgs::msg::PointCloud2>(
        "filter_result", qos);
    // RealSenseカメラの点群のトピック受信
    sub_ =
      create_subscription<sensor_msgs::msg::PointCloud2>(
        "/camera/camera/depth/color/points", qos,
        std::bind(&VoxelGridFilter::PointCloud2Callback, this,
          std::placeholders::_1));
```

注7　立方体のグリッドを配置し、そのグリッド内の点の重心を求めて1点に置き換えることで点の数を減らし
　　ます。

8

実践ROS 2ロボットプログラミング

165

第8章　実践ROS 2ロボットプログラミング

```
  }
private:
  void PointCloud2Callback(
    const sensor_msgs::msg::PointCloud2::SharedPtr msg)
  {
    pcl::PointCloud<pcl::PointXYZ>::Ptr cloud(
      new pcl::PointCloud<pcl::PointXYZ>);
    // sensor_msgs/PointCloud2型からpcl::PointCloud型への変換
    pcl::fromROSMsg(*msg, *cloud);

    // ボクセルグリッドによる点群サンプリング処理
    pcl::VoxelGrid<pcl::PointXYZ> filter;
    filter.setInputCloud(cloud);
    filter.setLeafSize(leaf_size_, leaf_size_, leaf_size_);
    pcl::PointCloud<pcl::PointXYZ>::Ptr cloud_filtered(
      new pcl::PointCloud<pcl::PointXYZ>);
    filter.filter(*cloud_filtered);

    sensor_msgs::msg::PointCloud2::SharedPtr msg_filtered(
      new sensor_msgs::msg::PointCloud2);
    // pcl::PointCloud型からsensor_msgs/PointCloud2型への変換
    pcl::toROSMsg(*cloud_filtered, *msg_filtered);
    msg_filtered->header = msg->header;
    pub_->publish(*msg_filtered);
  }

  double leaf_size_;
  rclcpp::Publisher<sensor_msgs::msg::PointCloud2>::SharedPtr pub_;
  rclcpp::Subscription<sensor_msgs::msg::PointCloud2>::SharedPtr sub_;
};
```

　pcl::fromROSMsg でROS 2からPCLへ、pcl::toROSMsge でPCLからROS 2へ点群を橋渡しすることができます。

```
pcl::PointCloud<pcl::PointXYZ>::Ptr cloud(
  new pcl::PointCloud<pcl::PointXYZ>);
// sensor_msgs/PointCloud2型からpcl::PointCloud型への変換
pcl::fromROSMsg(*msg, *cloud);
```

166

8-2 Intel RealSense D455 を使った OpenCV/PCL プログラミング

```
sensor_msgs::msg::PointCloud2::SharedPtr msg_filtered(
  new sensor_msgs::msg::PointCloud2);
// pcl::PointCloud型からsensor_msgs/PointCloud2型への変換
pcl::toROSMsg(*cloud_filtered, *msg_filtered);
```

　点群にボクセルグリッドフィルタリングを使用してサンプリングする処理のソースコードには ROS 2 のプログラムはまったく出てきません。PCL のプログラミングパラダイムだけで完結させることができます。

```
pcl::VoxelGrid<pcl::PointXYZ> filter;
filter.setInputCloud(cloud);
filter.setLeafSize(leaf_size_, leaf_size_, leaf_size_);
pcl::PointCloud<pcl::PointXYZ>::Ptr cloud_filtered(
  new pcl::PointCloud<pcl::PointXYZ>);
filter.filter(*cloud_filtered);
```

　また、PCL を使った C++ アプリケーションを作成する際には、前節の OpenCV の場合と同様に CMakeLists.txt に例外的な記述が少し必要です。

~/get-started-ros2/get-started-ros2/src/ros2_practice/ CMakeLists.txt（抜粋）

　ご覧のように PCL ライブラリの発見とリンク部分の記述方法が、他のライブラリと異なることが読みとれます。使用する PCL のコンポーネントに応じてリンクするライブラリを変更する必要があるためです。PCL を使った ROS 2 アプリケーションを作る際に参考にしてください。

```
find_package(PCL REQUIRED COMPONENTS common io filters)
find_package(pcl_conversions REQUIRED)
```

```
# voxel_grid_filterノードのビルド設定
add_executable(voxel_grid_filter src/voxel_grid_filter.cpp)
ament_target_dependencies(voxel_grid_filter
  "pcl_conversions"
  "rclcpp"
  "sensor_msgs"
```

8

実践ROS 2ロボットプログラミング

167

第 8 章　実践 ROS 2 ロボットプログラミング

```
)
target_link_libraries(voxel_grid_filter
  pcl_common
  pcl_io
  pcl_filters
)
```

　最後に点群サンプリングを実行してみましょう。以下のように leaf_size パラ
メータを与えて実行します。

```
$ cd ~/get-started-ros2
$ ros2 run ros2_practice voxel_grid_filter --ros-args -p leaf_size:=0.02
```

　フィルタリング結果は RViz2 で表示しましょう。RViz2 左の Displays パネルの下
にある Add ボタンを押すと、**図 8-3** のウィンドウが表示されます。By topic タブを
押して、図中の二つの PointCloud2 を選択して描画してみてください。

図8-3　RViz2 を使った PointCloud2 形式の点群描画設定

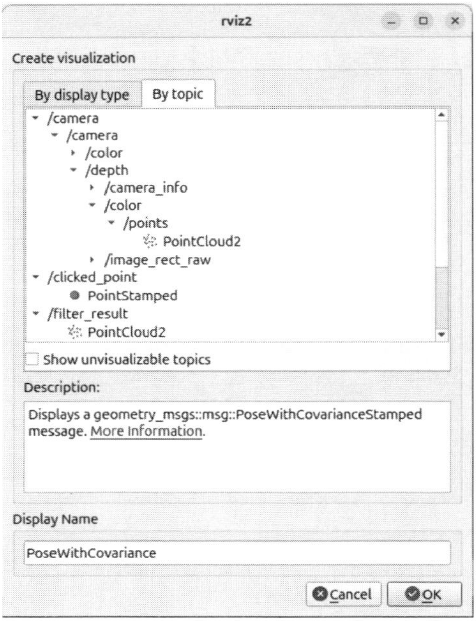

168

図 8-4 に示すように、白いグリッド状のまばらな点群が RealSense のカラー点群の上に重畳されていたら成功です。グリッドサイズには `leaf_size:=0.02` を設定しているので、2cm 間隔のグリッドになっています。

図 8-4 ボクセルグリッドフィルタリングによる点群サンプリング

点群サンプリングは点群フィルタリングの前工程として非常に有用です。PCL には後工程のための点群フィルタリングの機能もたくさん用意されています。ぜひ使いこなしてみてください。

● **Point Cloud Library (PCL): Module filters**
　https://pointclouds.org/documentation/group__filters.html

ここまでに作成した RealSense を使った二つの ROS 2 アプリケーションのソースコードは以下のサンプルコードのディレクトリに保存されています。全体のソースコードを確認したい場合は参照してください。

第8章 実践ROS 2ロボットプログラミング

● **get-started-ros2/src/ros2_practice/**

https://github.com/youtalk/get-started-ros2/tree/main/src/ros2_
practice

8-3 Preferred Robotics カチャカを使った Nav2ナビゲーション

8-3-1 カチャカROS 2ブリッジ

Preferred Robotics が 2023 年から発売する家庭用自律移動ロボット「カチャカ」には外部開発者がカチャカの主要機能にアクセスできるカチャカ API を提供しています。

● **kachaka-api**

https://github.com/pf-robotics/kachaka-api

カチャカ API は gRPC[注8]に準拠した API であるため、さまざまなプログラミング言語から利用することが可能です。さらにその API を利用して gRPC 通信と ROS 2 通信の相互変換を行う ROS 2 ブリッジも提供しています。gRPC 通信の定義ファイルである kachaka-api.proto ファイル[注9]を見ると、2024 年 5 月現在、44 ものサービスが API から操作できることがわかります。この大半が ROS 2 ブリッジからもアクセスできます。

この ROS 2 ブリッジは kachaka_grpc_ros2_bridge というパッケージで提供されています。gRPC サービスと ROS 2 トピックもしくはサービスを 1 対 1 でブリッジする ROS 2 コンポーネント群をノード実行器で一つにまとめて起動しています。この kachaka_grpc_ros2_bridge は**図 8-5** に示すように、外部の PC で実行する必要があります。このブリッジを介して自作の ROS 2 プログラムを自由に実行できます。

注8　https://grpc.io/
注9　https://github.com/pf-robotics/kachaka-api/blob/main/protos/kachaka-api.proto

図8-5 カチャカAPIとROS 2ブリッジの仕組み（https://roscon.jp/2023/presentations/003.pdf より転載）

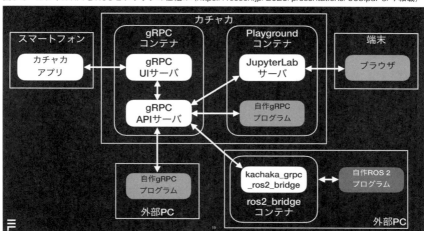

8-3-2 kachaka_grpc_ros2_bridge の起動

ROS 2 ブリッジは kachak_grpc_ros2_bridge というパッケージで提供されています。ROS ビルドファームからリリースはされていないため、GitHub からクローンする必要があります。起動方法には大きく分けて二通りありますが、より簡単な Docker コンテナによる実行方法を紹介します[10]。Docker 自体のインストール方法は付録の A-2-1 項を参照してください。

```
$ cd ~/ && git clone https://github.com/pf-robotics/kachaka-api.git
$ cd kachaka-api/tools/ros2_bridge
$ ./start_bridge.sh KACHAKA_IP_ADDRESS
```

KACHAKA_IP_ADDRESS にはカチャカの IP アドレスを記述します。スマートフォンアプリのアプリ情報のページで確認できます。**図 8-6** の例では 192.168.0.109 です。

---

[10] ソースコードビルドによる起動方法はkachaka-api.protoのコンパイルをともなうため、一般的なROS 2パッケージビルドと比べるとやや難しいです。詳しくはhttps://speakerdeck.com/youtalk/jia-ting-yong-zi-lu-yi-dong-robotuto-katiyaka-nokai-fa-zhe-apigong-kai-to-ros-2intahueisushi-zhuang?slide=28 をご覧ください。

図8-6　カチャカのアプリ情報

8-3-3　カチャカを使ったNav2ナビゲーション

　移動ロボットであるカチャカとカチャカAPIのROS 2ブリッジを使えば、カチャカをTurtleBotのように使うこともできます。そこで、6-4節で紹介したNav2をカチャカで動かしてみましょう。すでにカチャカのためのNav2実行のためのlaunchファイルは用意されています。開発メンバーによる解説記事[11]もあるため、それに則って進めます。

注11　https://qiita.com/terakoji-pfr/items/0f1535b45fda58edad83

8-3 Preferred Robotics カチャカを使った Nav2 ナビゲーション

● **kachaka-api/ros2/demos/kachaka_nav2_bringup**

https://github.com/pf-robotics/kachaka-api/tree/main/ros2/demos/
kachaka_nav2_bringup

まずカチャカのロボット記述パッケージ kachaka_description とカチャカのため
の Nav2 設定パッケージ kachaka_nav2_bringup をビルドします。

```
$ source /opt/ros/$ROS_DISTRO/setup.bash
$ ln -s ~/kachaka-api/ros2/kachaka_description ~/get-started-ros2/src/
$ ln -s ~/kachaka-api/ros2/demos/kachaka_nav2_bringup ~/get-started-ros2/↵
src/
$ cd ~/get-started-ros2
$ rosdep install --from-paths src --ignore-src -r -y
$ colcon build
$ source ~/getstarted-ros2/install/setup.bash
```

Nav2 ナビゲーションの起動と RViz2 による可視化の手順は以下のとおりです。

```
$ ros2 launch kachaka_nav2_bringup navigation_launch.py
```

```
$ rviz2 -d src/kachaka_nav2_bringup/rviz/kachaka-nav.rviz
```

RViz2 のツールバーにある 2D Goal Pose ボタンを押して目標地点をクリックし、
ロボットの正面を向けたい方向にドラッグすると経路計画が行われ、ロボットが動
き始めます。

8

実践ROS 2 ロボットプログラミング

図8-7 カチャカのNav2ナビゲーション

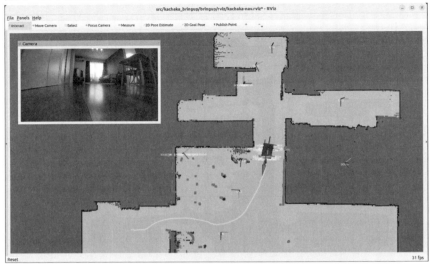

Nav2は多種多様なノードやコンポーネントの集合です。そのため、それらを制御するためのパラメータも膨大です。これらのパラメータを適切に調整することで、よりスムーズな動きを実現することも可能なはずです。ぜひ挑戦してみてください。

- **kachaka-api/ros2/demos/kachaka_nav2_bringup/params/nav2_params.yaml**
  https://github.com/pf-robotics/kachaka-api/blob/main/ros2/demos/kachaka_nav2_bringup/params/nav2_params.yaml

8-4 ROBOTIS OpenMANIPULATOR-Xを使ったMoveItマニピュレーション

8-4-1 MoveItセットアップアシスタントによるMoveIt構成ファイルの自動生成

6-6-1項で紹介したROBOTIS OpenMANIPULATOR-Xのros2_control実装とMoveItを組み合わせて、MoveItマニピュレーションを実践してみましょう。

8-4 ROBOTIS OpenMANIPULATOR-X を使った MoveIt マニピュレーション

OpenMANIPULATOR-X のロボット記述パッケージは ROS ビルドファームから
リリースされていないため、GitHub リポジトリからクローンしてビルドします。

```
$ cd ~/get-started-ros2/src
$ git clone https://github.com/dynamixel-community/dynamixel_hardware_⤶
examples.git
$ cd ~/get-started-ros2
$ rosdep install --from-paths src --ignore-src -r -y
$ colcon build
$ source ~/getstarted-ros2/install/setup.bash
```

次にロボット記述パッケージを読み込むことで、GUI から MoveIt の複雑な設定
ファイル、launch ファイルを自動生成するセットアップアシスタントをインストー
ルします。

```
$ sudo apt install ros-$ROS_DISTRO-moveit-setup-assistant
```

これで準備は完了です。以下のコマンドでセットアップアシスタントを起動し、
ROBOTIS OpenMANIPULATOR-X のための MoveIt マニピュレーションのセッ
トアップを行っていきましょう。紙面の都合もあり細かい説明は省略しますが、こ
のセットアップアシスタントの詳細なチュートリアルは以下のページにありますの
で、適宜参照しながら進めてください。

● **MoveIt Setup Assistant**

https://moveit.picknik.ai/main/doc/examples/setup_assistant/setup_
assistant_tutorial.html

```
$ ros2 launch moveit_setup_assistant setup_assistant.launch.py
```

1. Start Screen

最初に一番左上のタブでロボット記述ファイルである URDF を指定します。
OpenMANIPULATOR-X のロボット記述ファイルは下記ディレクトリに保存され
ています。

```
~/get-started-ros2/src/dynamixel_hardware_examples/open_manipulator_x_
description/urdf/open_manipulator_x.urdf.xacro
```

Load Filesボタンを押し、OpenMANIPULATOR-Xの3DモデルがURDF表示されたらの読み込みは成功しています。

図8-8 URDF読み込み後のMoveItセットアップアシスタント

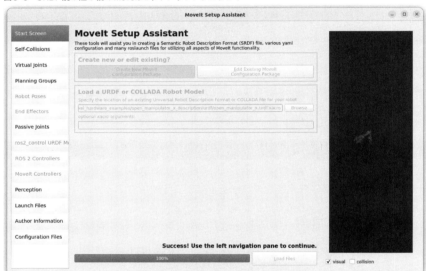

2. Self-Collisions

次にSelf-CollisionsタブにSelf-CollisionsGenerate Collision Matrixを押してロボットの近接パーツ同士の自己干渉を調べます。自動生成される組み合わせは、ほとんどのケースで問題ありません。

図8-9　OpenMANIPULATOR-Xの自己干渉

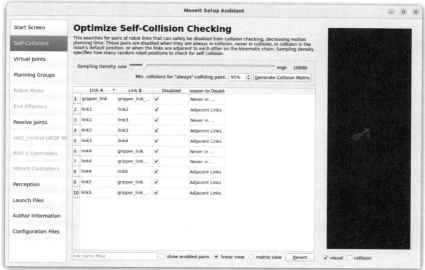

3. Virtual Joints

ロボットと世界座標系を接続するために用いる仮想関節を設定します。Add Virtual Joint ボタンを押して、**表 8-1** に示す値を入力します。

表8-1　仮想関節の設定項目と値

項目	値
Virtual Joint Name	virtual_joint
Clild Link	link1
Parent Frame Name	world
Joint Type	fixed

4. Planning Groups

MoveItの動作計画のためのグループを設定します。MoveItはここで設定したグループ単位で動作計画を行います。Add Group ボタンを押して、**表 8-2** に示す値を入力します。その他の項目はデフォルト値のままでかまいません。

第 8 章 実践 ROS 2 ロボットプログラミング

表8-2 グループ設定の項目と値

項目	値
Group Name	open_manipulator_x
Kinematic Solver	kdl_kinematics_plugin/KDLKinematicsPlugin
Group Default Planner	RRTConnect

次に Add Joints ボタンを押して、図 8-10 に示すように virtual_joint から joint4 までの関節をグループ選択して > ボタンを押し、選択した関節グループを Selected Joints に移します。

図8-10　OpenMANIPULATOR-X の Planning Groups 設定

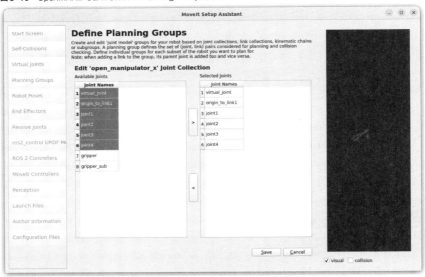

5. Robot Poses

動作計画において、初期姿勢など固定の姿勢をいくつか登録しておくと使い勝手が良くなります。ここでは第 4 関節のみを 90 度折り曲げた姿勢を ready 姿勢として登録しました。

図8-11 OpenMANIPULATOR-Xのポーズ設定

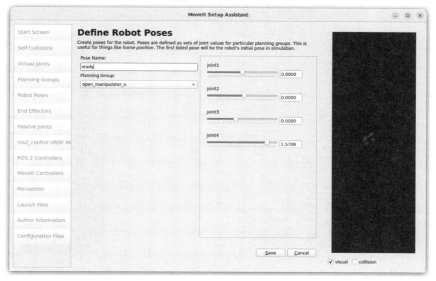

6. End Effectors

Planning Groupsで設定したグループに対して、目標位置姿勢を与えるためのエンドエフェクターの位置をリンク名で指定します。OpenMANIPULATOR-Xの例ではエンドエフェクターはグリッパーの付け根なので、Parent Linkにlink5を選択しました。

7. ROS 2 Controllers

OpenMANIPULATOR-Xのためのros2_control設定を行います。dynamixel_hardwareパッケージは速度制御にも対応しているため、デフォルト設定に対してCommand Interfacesの項目でvelocityのチェックを追加しました。

図8-12 OpenMANIPULATOR-Xのros2_control設定

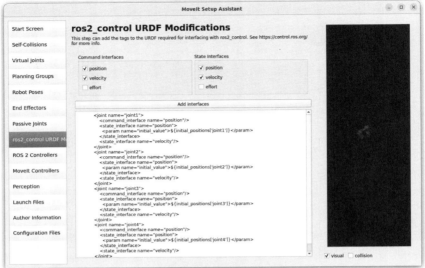

8. MoveIt Controllers

MoveItの制御方法は多くの場合、標準的なFollowJointTrajectoryで問題ありません。Auto Add FollowJointsTrajectory Controllers For Each Planning Groupボタンを押して、自動生成します。

9. Configuration Files

最後にMoveItの構成ファイルのパッケージへのパスを指定して、Generate Packageを押せば完成です。

8-4 ROBOTIS OpenMANIPULATOR-X を使った MoveIt マニピュレーション

図8-13 OpenMANIPULATOR-X の MoveIt 構成ファイル生成

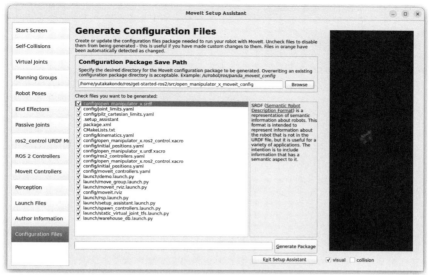

最終的な成果物である open_manipulator_x_moveit_config パッケージは本書のサンプルコードを提供する GitHub リポジトリで公開しています。もし Generate Packages に失敗するようでしたら、内容をご確認ください。

● **get-started-ros2/src/open_manipulator_x_moveit_config/**

https://github.com/youtalk/get-started-ros2/tree/main/src/open_manipulator_x_moveit_config

8-4-2 MoveIt マニピュレーションの実行

最後に open_manipulator_x_moveit_config を使って、MoveIt マニピュレーションを実行してみましょう。生成された構成ファイルの中にある launch ファイルでは、実機がなくても RViz2 を使って動作計画のデモを行うことができます。まずはそれを実行します。ここでは本書のサンプルコードがセットアップされているものとして解説を進めます。以下の launch ファイルを実行すると MoveIt の操作 UI が有効化された RViz2 が起動します。

```
$ ros2 launch open_manipulator_x_moveit_config demo.launch.py
```

図8-14 MoveItの操作UIとRViz2

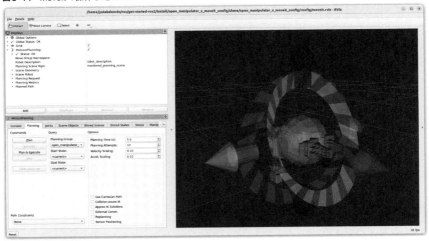

　OpenMANIPULATOR-Xの手先に描かれているのはインタラクティブマーカーです。マウス操作で矢印や円盤を操作することで、エンドエフェクターの3次元的な位置姿勢を指示することが可能です。OpenMANIPULATOR-Xは4自由度しかないため、特に姿勢を指示する円盤の操作性は限定的です。

8-4 ROBOTIS OpenMANIPULATOR-X を使った MoveIt マニピュレーション

図8-15 インタラクティブマーカーによるエンドエフェクターの位置姿勢指示

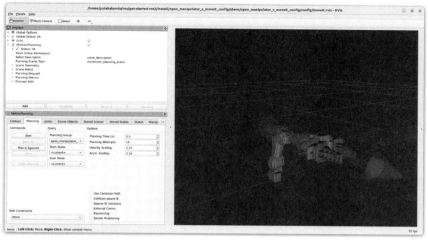

インタラクティブマーカーで指定した姿勢を目標姿勢、現在姿勢を初期姿勢とする動作計画を行ってみましょう。RViz2 の MotionPlanning パネルの Plan & Execute ボタンを押してください。動作計画が行われ、ロボットが軌道上を動いている様子が再生されるはずです。

図8-16 MoveIt を使った OpenMANIPULATOR-X の動作計画

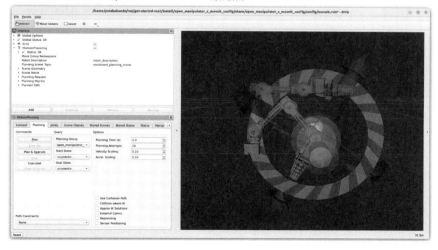

第 8 章　実践 ROS 2 ロボットプログラミング

このように、ロボット記述ファイルである URDF さえ用意すれば、あとはセットアップアシスタントの指示にしたがって構成ファイルを自動生成するだけで、すぐに MoveIt を使い始めることができます。もちろん OpenMANIPULATOR-X は ros2_control に対応しているため、動作計画はデモだけでなく、実機でも同じように動かすことができます。

本書では紹介しきれませんでしたが、MoveIt には物体認識器と連携して自動で把持計画を行う機能などもあり、マニピュレーションに必要な機能をオールインワンパッケージで提供しています。

● **Perception Pipeline Tutorial**
　　https://moveit.picknik.ai/humble/doc/examples/perception_pipeline/
　　perception_pipeline_tutorial.html
● **MoveIt Grasps**
　　https://moveit.picknik.ai/humble/doc/examples/moveit_grasps/moveit_
　　grasps_tutorial.html

読者のみなさんも、ぜひご自身のロボットを MoveIt 対応させてみてください。

184

おわりに

　本書をお手にとって、なおかつ、この最後の章まで辿り着かれた数奇な読者のみなさんに、本当に感謝しています。本書を読んでみて、いかがでしたでしょうか？ 情熱が先行しすぎた筆者の拙い文章にお付き合いさせてしまいましたが、ROS 2 に関して未来を感じられるようになったのであれば、本書の第一目的は達成されました。

　ROS 2 は製品にもそのまま組み込むことのできるレベルの品質を目標に開発されています。ROS 2 は以下に示す ROS 1 が持つすべての機能を備えます。

- ハードウェア抽象化
- デバイスドライバ
- ライブラリ
- 視覚化ツール
- メッセージ通信
- パッケージ管理

　これに加えて、ROS 2 は以下に示す機能を追加して設計されています。

- セキュリティ
- リアルタイム制御
- ネットワーク品質制御
- 複数ロボットの同時利用
- 商業サポート

　これからは、ロボットアプリケーションを製品化するうえで、ROS 2 をまったく使わずに実現することは、もはやほぼ不可能といってもよいでしょう。

　本書で ROS 2 の基盤を理解されたみなさんが、まずはユーザとして、そしてゆくゆくは開発者として、これから ROS コミュニティで活躍される姿を期待せずにいられません。筆者も本書執筆期間中は遅れをとりましたが、開発者としての活動も加速させていきます。ROS 2 が日本から真っ先に普及し始めていくには、みなさんに

ご自身の所属機関で ROS 2 を宣伝、布教していっていただく必要があります。なにとぞ、よろしくお願いします！

　本書の売り上げの一部は、ROS 2 普及の小さな小さな一助にしかなりませんが、非営利団体 Open Source Robotics Foundation もしくは Open Source Robotics Alliance への寄付にあてる予定です。

事前アンケート

　筆者はこれまでに論文やブログなどの執筆を通じて、文字を書くという行為に普通の人以上には愛着を抱いていましたが、書籍執筆という行為は、まったく異次元の大変さがありました。論文は体裁がある程度決まっており、そのとおりに事実と考察を淡々と書き、事実が正しく新規性があれば採録されます。ブログはそもそもが個人の発信媒体であり、その信憑性や鮮度の判断は読者に委ねる部分が大きいと思います。筆者もある時期、とあるタイミングで一念発起して、本書のベースとなる ROS 2 に関するブログ[注1]をほぼ毎日更新するという無謀な挑戦をしていました。読者の即時的な反応を見ながら、最新情報を提供するという行為自体に喜びを覚えて、自発的に責任感も芽生え、数ヶ月間ですが続けることができました。

　しかし、書籍執筆はブログとは比較にならない文章量を短期間で書き続ける必要があり、かつ読者からの反応は出版した後から1回しか得られません。今書いているこの章、節は果たして意味があるのか、読者が本当に読みたい内容になっているのか、という本質的な疑問を疑問として残したまま執筆しなくてはならないのです。そこで、筆者は近年、製品開発の手法として普及してきたリーンスタートアップ[注2]の仕組みを本書の執筆活動に適用しようと試みました。2019 年 3 月中旬に Twitter（現 X）で一つツイートを投稿しました[注3]。

> 「ROS 2 に関する書籍を技術評論社様から今夏出版予定です。もしあなたが読者なら、どういった内容を重視して読みたいかご意見をください。今後の執筆に大いに参考にさせていただきます。」

注1　https://www.youtalk.jp/categories/ros/
注2　起業の方法論の一つです。https://ja.wikipedia.org/wiki/リーンスタートアップ
注3　https://x.com/youtalk/status/1107789624951242752

おわりに

　その結果、最終的に89人もの方にオンラインアンケートにご協力いただくことができ、その方々のおかげで上で挙げた疑問に対する答えの片鱗があらかじめ得られたのです。特にありがたかったのが、図1の回答です。実は筆者はこのアンケートの回答を得るまで、なんと読者が特に読みたい項目の第1位に選んだ「リアルタイム制御」の項目を書く予定がなかったのです！　リアルタイム制御なんて専門的な内容を書いても興味を持つ読者は非常に限られるだろうと高を括っていて、本文ではほとんど触れずに終えるつもりでいました。リーンスタートアップの心得の一つである、顧客開発に完全に失敗していたことがわかったのです。

図1　特に読みたい項目（複数選択可）の回答

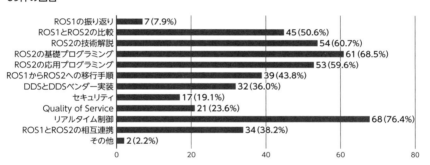

　この回答を得てからは、急遽、リアルタイム制御を意識したROS 2アプリケーションの開発方法を学び、学んだそばから文章に書き起こしていきました。本書におけるリアルタイム制御やros2_controlに関する節が読者のみなさんの一番知りたかった内容になっていれば幸いです。

　また、当初はロボットエンジニアの方が読者の大半を占めるだろうと勘ぐっていたのですが、アンケート結果からは学生や研究者のみなさんにも読んでもらえる可能性があることがわかりました。そのため、多くの読者が専門用語に困らないように、初出の専門用語を使用した場合には、可能な限り脚注にその意味を記述するか、説明ページに誘導するようにしています。

　本当はビジネス開発の方々にも読んでもらえるように執筆していたので、アンケートの結果は残念でしたが、これは筆者のツイートのリーチがフォロワーに限られているからだと信じています。この文書を読んでいる読者の中にビジネス開発の

おわりに

方が相当数含まれることを願っています。

図2 職種の回答

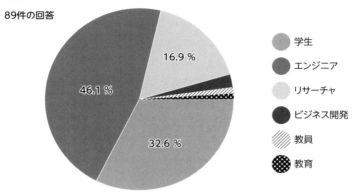

自由記述にいただいた応援メッセージの数々も執筆の励みになりました。大変ありがとうございました。

本を書くということ

　何事でもそうですが、物事を体系的に網羅的に学び、その知識、技術を定着させるには、インプットだけでなく、アウトプットが重要になってくると信じています。書籍執筆はその目的に合致しました。最新情報を絶え間なくインプットし続け、脳内で情報を整理して順序立てて理路整然とアウトプットしていく必要があります。インプットだけでは視覚しか使いませんが、アウトプットもすれば触覚（キーボードをこれでもかと打鍵）でも覚えられます。もしかしたら聴覚（ROS勉強会での発表）や味覚（がぶ飲みし続けたコーヒーの香り）も使って覚えているのかもしれません。

　ただし、本書の第1版の出版時はROS 2はインプットする最新情報がまだドキュメントの形をなしていませんでした。中にはソースコードしか存在していないものも多数ありました。READMEやWikiに断片的に書かれた情報を手がかりに推理することもありました。そもそも英語のドキュメントが限られているので、日本語ドキュメントとなると皆無に等しい状況です。もしかしたら、ROS 2をキーワードにWebを検索して筆者のブログに行き着いた方もいるかもしれません。ですが、その

おわりに

内容も時々刻々古くなってしまって、今読んでも当てにならない記事もあります。

　本書は書籍です。オンラインドキュメントのように簡単に改訂することは難しいです。そこで、本書で扱った項目はすべてこれから開発が進んでも、ほとんど内容が変わらない ROS 2 の根幹を占める部分の説明に終始するように注意しました。特に「ROS 2 に対応したツール／パッケージ」と「ROS 2 エコシステム」の章はすでにデファクトスタンダードになっているもののみを厳選して記載しています。数年後に読んでもそれらの重要性は変わらない、もしくは増していくものと期待しています。

　本書を読破して ROS 2 の開発ができるようになったみなさんなら、ここから先は自身の手で ROS 2 に対応したツール、パッケージのドキュメントやソースコードを読んだり、開発にも取り組んだりできるようになっているはずです。みなさんの手で ROS 2 をより良いものにしていきましょう。日本人の ROS 2 開発者が少しでも増えれば、本書を執筆した甲斐がありました。

　ROS 1 はすでに正式リリースから 15 年近く経っており、ROS 1 についての書籍は、ROS の主開発者自身が執筆したもの、国内、国外の著名な方々によって書かれたものがすでにたくさん存在しています。しかし、本書第 1 版出版の 2019 年当時、ROS 2 についての書籍は日本にも世界中にも存在しませんでした。ROS 2 の書籍を世界に先駆けて日本から（筆者の手で）出版したかった、という思いは非常に大きいものがありました。「はじめに」でも書いたように、ソフトウェア産業で出遅れた日本企業が、ROS 2 という偉大なオープンソースソフトウェアの力を借りて、再起動する未来に少しでも役立ちたかった、という思いでいっぱいです。本書はブログとは違い、読者のみなさんに書籍代をいただいています。少なくとも、その書籍代以上の対価を提供できる本になっていることを願います。

謝辞

　まず初めに、本書の編集者である技術評論社高屋さんに感謝の言葉を贈ります。高屋さんとは 2018 年 12 月に開催された ROS Japan Users Group の第 27 回勉強会[注4] で初めてお会いしました。その日、僕はちょうど「Getting Started with ROS 2 / DDS」[注5] というタイトルで、ROS 2 Crystal Clemmys のアップデート内容を発表し

注4　https://rosjp.connpass.com/event/111853/
注5　https://speakerdeck.com/youtalk/dds

ました。その内容を見て、高屋さんは筆者に ROS 2 書籍執筆の依頼を持ちかけてくださいました。書籍執筆の経験はなかったので、その時は非常に楽観的に幸せいっぱいに引き受けましたが、よもやこんなに大変な作業になるとは思ってもいませんでした。ですが、そういった踏ん切りの良さのおかげで、今この書籍出版に至ります。執筆中もいろいろとご面倒をかけ、いろいろと注文をつけたりもしましたが、そのすべてに期待以上にお応えいただけたからこそ、（内容はともかく？）こんなにも美しい装丁の書籍に仕上がりました。そして、ありがたくも 2023 年末に改訂新版のお話をいただき、二つ返事で快諾しました。相手が信頼できる高屋さんでなければ、改訂せずに本書を絶版にしていたかもしれません。

　イラストレーターやデザイナーのみなさんにも大変感謝しております。表紙のイラストは筆者がアイデアと雰囲気を伝えただけで魔法のようにできあがりました。本当に素敵で、額縁に入れて自宅に飾ってあります。

　ROS の存在を知り、ROS プログラミングの楽しさを知り、ROS コミュニティの（いい意味で）むさ苦しいまでの熱量を知るきっかけをくれたのは、ROS Japan Users Group でした。縁あって 2015 年から 6 年間にわたって主宰者もさせていただき、毎月のように楽しい ROS 勉強会を開催できたことは筆者の一番の財産です。ROS 勉強会を開いていなければ、編集者の高屋さんにお会いすることも、本書を執筆することもなかったでしょう。ROS を最初に日本で広めてくれた小倉さん[注6]、筆者が初めて ROS を知ることになる第 1 回 ROS 勉強会を主催してくれた前川さん[注7]にも、合わせて感謝の言葉を贈らせてください。

第 1 版読者のみなさんへ

　本書第 2 版が出版できたのは、ひとえに第 1 版の読者のみなさんのおかげです。2023 年末までに物理書籍と電子書籍を合わせて 5,000 部近くの販売数を数えるまでに至りました。つまり、ROS 2 という非常にニッチな技術を扱う本書を 5,000 人近くの方が読んでくれたことを意味します。第 1 版出版からこれまでに、多くの方に「ROS 2 本読みました」というお言葉をいただきました。初対面の方にも「ROS 2 本の方ですよね」と声をかけていただくこともたくさんありました。これは文字どお

注6　https://x.com/OTL
注7　https://x.com/DaikiMaekawa

おわりに

り、筆舌に尽くし難い体験でした。

　定期的に #ROS2ではじめよう のハッシュタグ注8 で Twitter（現 X）を巡回して読者のみなさんの投稿を探すのも、筆者の楽しい日課でした。みなさんからの声援が筆者の活力源です。第 2 版の本書も変わらずご愛顧いただけると、大変光栄です。

第 1 版編集協力者へ

　第 1 版編集協力者のお二人には、いくら感謝しても足りないくらいの献身的なご協力をいただきました。筆者の勤務先であった株式会社 Preferred Networks の元同僚で、3 児の父でもある高妻さんは、筆者が本書を執筆することを家族以外に最初に打ち明けた人です。高妻さんは前職時代から ROS 1 を製品に取り込むために、バリバリ使い倒してきた歴戦の勇士です。編集協力を高妻さん自身から願い出てくれて、家事育児も大変な中で最後まで親身に本書の品質向上の手助けをしていただけました。本書をレビューするまで ROS 2 を触ったことがなかったことも、第三者視点でレビューしていただくうえで、とてもありがたかったです。

　現在では Open Source Robotics Foundation の CTO でもあり、ROS 1 の前身のロボットミドルウェアを開発しているときから ROS 主開発者たちとの交流がある Geoff さんに本書の編集協力を仰ぐことができたことは、本当に光栄でした。ROS 2 は、それこそカンブリア紀の生き物のように猛烈な速度で進化しています。その進化をつぶさに観察し続け、自身も積極的に開発に携わる Geoff さんに本書をレビューしてもらうことができなければ、本書の品質は出版に耐えられなかったかもしれません。

　出版記念にみなさんと食べに行った焼肉の味は今でも正確に思い出せます。涙で少し塩加減が強かったような。

注8　https://x.com/search?q=ROS2ではじめよう

図3 右から Geoff さん、高妻さん、筆者

第2版編集協力者へ

　第2版の編集協力者には装い新たに別のお二人をお招きしました。筆者の前職の勤め先であった株式会社 Preferred Robotics の元同僚の岸さんは、私が Preferred Robotics 転籍後に真っ先にお誘いし、以来一緒に同じ共同開発プロジェクトに携わり、技術力の面でも忍耐力の面でも信頼している方です。レビューの際に、古くなってしまっていた多くの手順の誤りに気づき、たくさんの修正提案を作ってくださいました。岸さんは将来、書籍の執筆を検討されているそうです。本書の編集協力の経験が執筆の際に役立てば幸いです。

　現在の ROS Japan Users Group 主宰の一人であり、筆者の現職の勤め先である株式会社ティアフォーの同僚でもある片岡さんは、今では日本でも指折りのROS 2 ハッカーです。レビューの際に、筆者が知らなかった新しいパッケージを紹介してくれたり、サンプルコードの高速化にも言及してくれたりとレビューを超えた改善作業に携わってくださいました。また、プライベートでは本書第1版をなんと合計9冊も購入していただき、本書の普及活動にも大きく貢献していただいています。第2版もぜひご愛顧ください。

おわりに

家族へ

　最後になりましたが、本書の執筆は家族の支えなくして実現することは絶対不可能でした。まず第 1 版の謝辞の一部を転載します。

> 執筆の最初の頃は、毎日 23 時までに寝ては 5 時に起き、妻子が起きる 7 時ごろまでの 2 時間が執筆活動時間でした。しかし、それもわずか 1, 2ヶ月くらいのこと。息子も同じように 5 時すぎに起きるようになり、平日の執筆活動はままならなくなりました。それからは妻が、朝ごはんを食べた後、出社するまで書斎（俗にウォークインクローゼットとも呼ばれています）にこもったり、少し早めに家を出てコーヒーショップに寄ったりする時間を作ってくれました。執筆活動の終盤は、休日も妻子とは別行動をする日々が多くなり、大変な苦労をかけました。「パパ、パパ」とせがんでくれる息子にも寂しい思いをさせてしまったかもしれません。

　第 1 版の執筆中は小さかった長男も今では小学校に通っています。そして、第 1 版の時にはいなかった次男も生まれました。あの頃と第 2 版執筆の現在で変わったことは、子どもたちの協力の仕方です。第 2 版執筆も同じように平日は 5 時に起きて執筆作業をしていたのですが、子どもたちが起きてきても執筆作業を継続できるようになりました。二人で遊んだり、テレビを観たり、机の隣に座って一緒に勉強したりしてくれるようになったのです。もう私は書斎にこもる必要がなくなりました。私は執筆作業を、子どもたちは勉強を、妻は在宅勤務の仕事をしてダイニングテーブルを囲む毎日でした。一人で書斎にこもっていた第 1 版執筆の頃は気が滅入ることも本当に多かったのですが、第 2 版は家族のおかげで気持ちが穏やかなまま書き切ることができました。私は家族が大好きです。結婚して、子どもが産まれて、人生が彩り豊かになりました。子どもの成長に負けず、筆者もまだまだ成長していきます。

　子どもたちが漢字が読めるようになって、ロボットに興味を持つようになったら、ぜひ自宅の本棚から本書を探し出して手に取って欲しいです。感想を聞くのが今から楽しみで仕方ありません。

付録

A-1 Windows 11とWSL 2での開発環境セットアップ

普段 Windows をお使いの方には下記のようにさまざまな ROS 2 の開発環境セットアップ手段があります。

- Windows 10 と Visual Studio を使って ROS 2 をネイティブインストールする[注1]
- Ubuntu をデュアルブートするようにセットアップして ROS 2 をインストールする
- 仮想マシンを使って Ubuntu をセットアップして ROS 2 をインストールする

しかし、どの方法も普段遣いの Windows 環境を壊してしまうおそれがあったり、性能面で課題があったりします。そこで、本書では別のセットアップ手段として WSL 2 を使った手順を簡単に紹介します。

WSL（Windows Subsystem for Linux）は公式チュートリアルサイト[注2]によると以下のように紹介されています。

> 開発者は、Windows マシン上で Windows と Linux の両方の機能に同時にアクセスできます。Linux 用 Windows サブシステム（WSL）を使用すると、開発者は、従来の仮想マシンやデュアルブートセットアップのオーバーヘッドなしで Linux ディストリビューション（Ubuntu、OpenSUSE、Kali、Debian、Arch Linux など）をインストールし、Linux アプリケーション、ユーティリティ、Bash コマンドラインツールを変更せずに Windows で直接使用できます。

注1 https://docs.ros.org/en/jazzy/Installation/Windows-Install-Binary.html
注2 https://learn.microsoft.com/ja-jp/windows/wsl/install

この Linux 用 Windows サブシステムに Ubuntu をインストールすれば、後は 2 章の開発環境セットアップどおりに ROS 2 をインストールすることができます。すでに Linux ディストリビューションのリストには Ubuntu 24.04 も含まれているため、そちらを Microsoft Store[注3] からインストールすれば、OS の環境構築は完了です。

図 A-1 Microsoft Store 上の Ubuntu 24.04

WSL 2 のインストール手順については以下のチュートリアルサイトなどを参考にしてください。Windows は最新版にアップデートしておくことをおすすめします。

https://learn.microsoft.com/ja-jp/windows/wsl/install

A-2　Dockerコンテナでの開発環境セットアップ

ROS 2 を使いたいだけなのに、Ubuntu をインストールしたり、Windows に WSL 2 をインストールしたりしなくてはならなくて辟易した方がいるかもしれません。そんな方は Docker コンテナを使ったセットアップ方法で代用することもできます。

注3　https://aka.ms/wslstore

付録

Docker に関しては、すでにご存知の方も多いと思います。Wikipedia の記事[注4] によると以下のように紹介されています。

> Docker（ドッカー）は、コンテナ仮想化を用いてアプリケーションを開発・配置・実行するためのオープンプラットフォームである。Docker はコンテナ仮想化を用いた OS レベルの仮想化によりアプリケーションを開発・実行環境から隔離し、アプリケーションの素早い提供を可能にする。かつその環境自体をアプリケーションと同じようにコード（イメージ）として管理可能にする。Docker を開発・テスト・デプロイに用いることで「コードを書く」と「コードが製品として実行される」間の時間的ギャップを大きく短縮できる。

仮想環境を使って適切に権限や計算リソースを隔離管理しながらも、仮想環境の性能劣化がほとんどないというのが一番の利点です。ROS 2 の公式 Docker イメージは Docker Hub[注5] で配布しており、Docker をインストールさえすれば、少し制約はありますが、ROS 2 を使い始めることができます。

A-2-1 Docker のインストール

まずは Docker をインストールします。Docker は以下の OS へのインストールに対応しています。Windows と macOS ならデスクトップアプリケーションとしてインストールされるため、起動やバックグラウンド実行など、他のアプリケーションと違いなく扱うことができます。

● **Windows**

　https://docs.docker.com/desktop/install/windows-install/

● **macOS**

　https://docs.docker.com/desktop/install/mac-install/

● **Ubuntu**

　https://docs.docker.com/engine/install/ubuntu/

注4　https://ja.wikipedia.org/wiki/Docker
注5　https://hub.docker.com/_/ros

その他の Linux OS へのインストールにも対応しています。詳しくは公式ウェブサイトのインストール記事[注6]をご参照ください。

A-2-2 ROS 2イメージのダウンロード

Docker さえインストールができれば、ROS 2 イメージの取得は簡単です。Docker Hub で公式イメージが配布されています。

```
$ export ROS_DISTRO=jazzy
$ docker pull osrf/ros:$ROS_DISTRO-desktop
$ docker image list
REPOSITORY      TAG              IMAGE ID        CREATED        SIZE
osrf/ros        jazzy-desktop    c9fdca357a9b    9 days ago     2.46GB
...
```

A-2-3 動作確認

2章で行った動作確認を Docker を使った場合でも同じように実行してみましょう。

■ talker ノード

```
$ docker run --net=host --ipc=host --pid=host osrf/ros:$ROS_DISTRO-🔁
desktop ros2 run demo_nodes_cpp talker
[INFO] [1719455082.354775037] [talker]: Publishing: 'Hello World: 1'
[INFO] [1719455083.354809412] [talker]: Publishing: 'Hello World: 2'
[INFO] [1719455084.354686004] [talker]: Publishing: 'Hello World: 3'
[INFO] [1719455084.354686004] [talker]: Publishing: 'Hello World: 4'
[INFO] [1719455084.354686004] [talker]: Publishing: 'Hello World: 5'
```

■ listener ノード

```
$ docker run --net=host --ipc=host --pid=host osrf/ros:$ROS_DISTRO-🔁
desktop ros2 run demo_nodes_cpp listener
[INFO] [1719455703.854512208] [listener]: I heard: [Hello World: 1]
[INFO] [1719455704.854785266] [listener]: I heard: [Hello World: 2]
[INFO] [1719455705.854629207] [listener]: I heard: [Hello World: 3]
[INFO] [1719455706.854748835] [listener]: I heard: [Hello World: 4]
[INFO] [1719455706.854748835] [listener]: I heard: [Hello World: 5]
```

注6　https://docs.docker.com/desktop/install/linux-install/

付録

使用した docker run のオプションについて説明します。

● --net=host
　　ネットワーク名前空間をホスト PC と共有するオプション
● --ipc=host
　　プロセス間通信の設定をホスト PC と共有するオプション
● --pid=host
　　プロセス ID の名前空間をホスト PC と共有するオプション

　最初の一つ目は Docker を利用されている方にとっては見覚えがあるオプションだと思うのですが、残りの二つは比較的珍しいオプションだと思います。ROS 2 では DDS ベンダー実装次第ではノード間の通信にプロセス間通信を行う場合があり、--ipc=host と --ipc=host を付けないとコンテナを介してノード同士が通信することができません。

A-2-4　rockerを使ったGUIサポート

　RViz2 や Gazebo などの GUI アプリケーションを使いたくなったときに、上記の手順だけでは不足します。仮想ディスプレイの設定などを行わないと GUI を描画できないためです。docker run のオプションを駆使することで実現することも可能ですが、便利なツールとして rocker があります。

https://github.com/osrf/rocker

　実態は docker run コマンドをラップする Python ライブラリなので、pip インストールするだけで導入できます。

```
$ pip install rocker
```

　いくつかのオプションが用意されており、これらを使うことで仮想ディスプレイの設定を有効化したり、NVIDIA ドライバや CUDA を有効化したりすることができます。例えば下記のように --x11 オプションをつければ、GUI アプリケーションのウィンドウを描画できるようになります。

```
$ rocker --x11 osrf/ros:$ROS_DISTRO-desktop rviz2
```

≡ A-3　サンプルコードのライセンス条項

　2-3 節で述べたように、本書のサンプルコードは本文では紙面の都合上、ライセンス条項を省略して記載しました。ここで、まとめて転載させていただきます。

A-3-1　3章のサンプルコードのライセンス条項

　3章の talker/listener ノードは以下のソースコードの一部を改変し、ステップバイステップで機能追加しながら進みました。

- https://github.com/ros2/demos/blob/jazzy/demo_nodes_cpp/src/topics/talker.cpp
- https://github.com/ros2/demos/blob/jazzy/demo_nodes_cpp/src/topics/listener.cpp

　ライセンス条項を以下に転載します。

```
// Copyright 2014 Open Source Robotics Foundation, Inc.
//
// Licensed under the Apache License, Version 2.0 (the "License");
// you may not use this file except in compliance with the License.
// You may obtain a copy of the License at
//
//     http://www.apache.org/licenses/LICENSE-2.0
//
// Unless required by applicable law or agreed to in writing, software
// distributed under the License is distributed on an "AS IS" BASIS,
// WITHOUT WARRANTIES OR CONDITIONS OF ANY KIND, either express or implied.
// See the License for the specific language governing permissions and
// limitations under the License.
```

A-3-2　4章のサンプルコードのライセンス条項

4章のサンプルコードは以下のソースコードに日本語コメントを追加して用いています。

- https://github.com/ros2/demos/tree/jazzy/lifecycle
- https://github.com/ros2/examples/tree/jazzy/rclcpp/actions/minimal_action_server
- https://github.com/ros2/examples/tree/jazzy/rclcpp/actions/minimal_action_client

ライセンス条項を以下に転載します。

```
// Copyright 2019 Open Source Robotics Foundation, Inc.
//
// Licensed under the Apache License, Version 2.0 (the "License");
// you may not use this file except in compliance with the License.
// You may obtain a copy of the License at
//
//     http://www.apache.org/licenses/LICENSE-2.0
//
// Unless required by applicable law or agreed to in writing, software
// distributed under the License is distributed on an "AS IS" BASIS,
// WITHOUT WARRANTIES OR CONDITIONS OF ANY KIND, either express or implied.
// See the License for the specific language governing permissions and
// limitations under the License.
```

A-3-3　5章のサンプルコードのライセンス条項

5章のサンプルコードは以下のソースコードに日本語コメントを追加して用いています。

- https://github.com/ros2/examples/tree/jazzy/rclpy/topics
- https://github.com/ros2/examples/tree/jazzy/rclpy/services
- https://github.com/ros2/examples/tree/jazzy/rclpy/actions

ライセンス条項を以下に転載します。

```
# Copyright 2016 Open Source Robotics Foundation, Inc.
#
# Licensed under the Apache License, Version 2.0 (the "License");
# you may not use this file except in compliance with the License.
# You may obtain a copy of the License at
#
#     http://www.apache.org/licenses/LICENSE-2.0
#
# Unless required by applicable law or agreed to in writing, software
# distributed under the License is distributed on an "AS IS" BASIS,
# WITHOUT WARRANTIES OR CONDITIONS OF ANY KIND, either express or implied.
# See the License for the specific language governing permissions and
# limitations under the License.
```

A

actionlib	52
Activating（ライフサイクルの中間状態）	86
Active（ライフサイクルの主要状態）	85
add_parameter_callback	65
aibo	xi
ament_cmake	37
ament_python	114
Autoware	viii
AWSIM	152
AWS RoboMaker	xii

B

bloom	34
Box Turtle	1

C

cam2image	98
catkin	32
CDR	127
Cleaning Up（ライフサイクルの中間状態）	86
colcon	28, 32
build	78
mixin	33
component_container_mt	74
composable_node	82
Configuration Files（MoveItセットアップアシスタント）	180
Configuring（ライフサイクルの中間状態）	86
Connext	101
CORBA	15
Crystal Clemmys	126
custom_executable	38
cv_bridge	159

D

Dashing Diademata	19, 69
data_callback	88
DDS	11-13
DDS-RPC	47
DDS（Data Distribution Service）	7, 12
DDSI-RTPS	13
DDS Security	103
DDSベンダー	14
DDSベンダー実装	100
Deactivating（ライフサイクルの中間状態）	86
Deadlineポリシー	93, 95
decoration	65
Default（QoSプロファイル）	93
Depthポリシー	92
Displayプラグイン（RViz2）	130
DNN Inference Nodes	154
docker run	198
Dockerコンテナ	195
Durabilityポリシー	92, 95
dynamic_reconfigure	62
DYNAMIXEL	138

E

End Effectors（MoveItセットアップアシスタント）	179
Error Processing（ライフサイクルの中間状態）	86
EventsExecutor	74

索引

F

Fast DDS 14, 100
FastRTPS 14
Foxglove Studio xii
Free Fleet (Open-RMF) 145
Future パターン 50

G

Gazebo 140, 142
Gazebo Classic 141
generate_parameter_library 67
GMapping vii
GPU アクセラレーション 153
gRPC 170

H

handle_accepted 55
History ポリシー 92
Humble Hawksbill 24

I

IDL (Interface Description Language) ... 15
Ignition 142
image_transport 162
IMU (Inertial Measurement Unit) vii
Inactive (ライフサイクルの主要状態) 85
Intel RealSense D455 156
Isaac ROS Nvblox 155
Isaac ROS Visual SLAM 155

J

JavaScript クライアントライブラリ 146
Jazzy Jalisco 24
jrosbridge 147

K

kachak_grpc_ros2_bridge 171
kachaka-api 170
kachaka-api.proto ファイル 170

kachaka_nav2_bringup 173

L

launch.actions 79
launch.actions.DeclareLaunchArgument 79
launch.substitutions 79-80
launch.substitutions.LaunchConfiguration
.... 79
launch_ros 76
launch_ros.actions.Node 77
Launch システム 75
launch ファイル 77, 81-82
lc_client 90
Lease Duration ポリシー 93, 95
lifecycle_msgs::msg::TransitionEvent 89
Lifespan ポリシー 93
Liveliness ポリシー 93, 95
LOVOT xi

M

MCAP 127
micro-ROS ....x, 149
MoveIt ....ix, 134
MoveIt Studio ix
MoveIt Controllers (MoveIt セットアップ
アシスタント) 180
MoveIt Setup Assistant 134, 175
MoveIt マニピュレーション 174
mROS 2 ....x, 149-150
MultiThreadedExecutor 43

N

Nav2 ....vii, 132
node_container 82
nodelet 6
nodelet::Nodelet 42
NodeOptions 72
Noetic Ninjemys 3
notification_callback 88

203

索引

NVIDIA Isaac ROS 153

O

OMG（Object Management Group）.......... 13
OMGの仕様書.................................. 16
Open-RMF.....................................143
OpenCV.......................................159
Open Navigation.............................132
OSI参照モデル................................. 16
OSRA（Open Source Robotics Alliance）
....xi, 3
OSRF（Open Source Robotics
  Foundation）........................... xi, 1, 3

P

PCL..164
pcl_conversions..............................164
Planning Groups（MoveItセットアップア
  シスタント）...............................177
PR2..4
Protocol Buffers.........................12, 142
Publisher/Subscriber通信 7
python3-argcomplete......................... 26

Q

qdisc.. 99
QoS（Quality of Service）.............7, 13, 92
QoS互換性.................................... 94
QoSプロファイル.............................. 93
QoSポリシー 14, 92
Qt...131

R

rcl.................................10-11, 53, 111
rclcpp.......................................111
rclcpp::AsyncParametersClient................ 64
rclcpp::executors::SingleThreaded
  Executor...............................43, 74
rclcpp::MatchedInfo.......................... 95

rclcpp::Node.............................40, 87
rclcpp::ParameterEventHandler................ 65
rclcpp::spin................................ 39
rclcpp::spin_until_future_complete............50
rclcpp::SyncParametersClient................. 63
rclcpp_lifecycle::LifecycleNode.............. 86
rclpy..112
realsenes-ros................................157
RealSenseカメラ..............................157
Reliabilityポリシー 92, 94
rmf_demos...................................145
RMF Schedule Visualizer（Open-RMF）
....145
RMF Simulation（Open-RMF）................145
RMF Web UI（Open-RMF）....................145
rmw......................................10-11, 100
rmw_connextdds.............................100
rmw_cyclonedds_cpp.........................100
rmw_fastrtps_cpp...........................100
rmw_zenoh.................................. 18
ROBOTIS OpenMANIPULATOR-X......138
Robot Poses（MoveItセットアップアシス
  タント）...................................178
Robot Web Tools.............................146
rocker......................................198
Rolling Ridley.............................. 24
Roomba..x
ROS 2
  内部アーキテクチャ....................... 10
ros-$ROS_DISTRO-desktop.................... 26
ros-dev-tools............................... 26
ROS-Industrial.............................viii
ros-o..3
ROS_AUTOMATIC_DISCOVERY_
  RANGE.................................... 45
ros_control...................................6
ros_gz_bridge...............................142
ROS_STATIC_PEERS 45
ROS 1...................................1, 4, 9

ROS 2	4
ros2	29
bag	128
component	74
component unload	75
daemon	31
launch	80
param set	66
pkg create	35, 113
security	104
service call	49
topic	30
ros2_control	136
ros2cli	30
ROS 2 Controllers（MoveItセットアップアシスタント）	179
ROS 2 Technical Steering Committee	8
ROS 2 ドライバ	156
rosbag2	126
ROSCon JP	xiii
roscore	9
rosdep	25, 34
rosidl_generate_interfaces 関数	47
ROS Japan Users Group	xiii
roslaunch	75
roslibjs	146
roslibpy	147
roslibrust	147
ROS Wiki	131
ROS マスター	5, 9
RPC（Remote Procedure Call）	46
RTPS（Real-Time Publish-Subscribe）	15
RViz	129
RViz2	129

S

Self-Collisions（MoveItセットアップアシスタント）	176
Sensor data（QoS プロファイル）	94

Services（QoS プロファイル）	93
setup.py	113
showimage	98
Shutdown（ライフサイクルの主要状態）	85
Shutting Down（ライフサイクルの中間状態）	86
SingleThreadedExecutor	43
SLAM	vii
SLAM Toolbox	vii
SROS	103
SROS 2	103
Start Screen（MoveItセットアップアシスタント）	175
std::shared_ptr	48
std::thread::detach	55
Stretch	135
System default（QoS プロファイル）	94

T

TCPROS	9
TensorRT	154
Traffic Editor（Open-RMF）	144
Turtlebot 4	xi
turtlesim	2, 22

U

UDP 通信	6-7
Unconfigured（ライフサイクルの主要状態）	85
URDF データ	131
UUID	124

V

vcstool	34
Virtual Joints（MoveItセットアップアシスタント）	177

索引

W

WebSocketブリッジサーバrosbridge_
suite..146
WSL2..194

Z

Zenoh.. 17
zeroconf.. 12
ZeroMQ... 12

あ

アクション 52, 121, 126
アクションクライアント 58
アクションサーバ 55
アクセス制御.....................................106, 109

い

依存パッケージ 37
イベントハンドラー関数 39
インストール 21
インタフェース記述言語 15
インタラクティブマーカー 182

え

エージェント 149
エコシステム 140
エントリポイント 29

お

オドメトリ 152

か

外界センサー 6
外部ノード 89
顔画像検出...159
カチャカ .... xi, 170
家庭用自律移動ロボット 170

く

組み込み向け実装......................................149
クライアントライブラリ 9, 111-112, 147
クライアントライブラリ API...................10-11

け

計算資源 5
経路計画 vii

こ

公開鍵暗号...104
コールバック 64
コールバック関数 40
コンピュータ間通信 44
コンポーネント 118
コンポーネント指向プログラミング.........69

さ

サーバ実装 47
サービス..46, 119
サービスクライアント 90
サブコマンド 30

し

視覚化ツール vi
自動運転ソフトウェア Autoware..............151
主要状態...83-84
状態遷移 84
シリアライゼーション 42
シリアライゼーション形式（rosbag2）....127

す

スタブ..115
スタブファイル.. 47
ストレージ形式（rosbag2）...................127
スピン 75
スマートポインタ 72

206

せ

制御ループ 6
セキュリティ 103
接続互換性 94

た

単一障害点 5

ち

治具 ix
地図作成 vii
中間状態 83, 85

つ

通信ミドルウェアAPI 10-11

て

定義ファイル（アクション） 53
ディストリビューション 1, 23
デーモン 31
デバイスドライバ vi
デバッグ 126
デプロイ xii
点群処理 164
点群のサンプリング 165

と

同期処理 50
動作計画 ix
同時利用数 5
動的リンクライブラリ 44
トピック 35, 116
ドメイン 104

な

内部アーキテクチャ 8
ナビゲーションパッケージ ....vii, 132

ね

ネットワーク品質 7

の

ノード実行器 74
ノードの認証 104

は

ハードウェア抽象化 v
バーブ（Verb） 30
パーミッション 106
配信プロトコル 16
把持計画 ix
パッケージ管理 vi
パラメータ 62
パラメータ設定イベント 64
ハンドラ 55

ひ

必須タグ（package.xml） 37
非同期処理 50
ビヘイビアツリー ix
ビルドツール 32

ふ

フィボナッチ数列 54
ブラウザ可視化ツールROS Board 148
フリート 143
プログラミング形式 7
プロセス間通信 41
プロセス内通信 42

ほ

ボクセルグリッドフィルタリング 165

ま

マイクロサービス vi

索引

め

メッセージ通信 vi
メッセージ通信方式 35
メンバーシップレベル 3

も

モノリシック 32

ら

ライフサイクル 83
ライブラリ vi
ラムダ式 39

り

リアルタイム制御 6

執筆者プロフィール

近藤 豊 (こんどう ゆたか)
株式会社ティアフォー エンジニア

仕事の合間に ROSCon JP の運営委員と ROSCon 本家のプログラム委員を華麗にこなす自称 ROS エヴァンジェリスト。2021 年までの 6 年間は ROS Japan Users Group 主宰も兼務。趣味で始めた ROS プログラミングが高じて、仕事でも ROS を使ったロボットプログラミングに携わる。2013 年、奈良先端科学技術大学院大学博士後期課程を修了、博士（工学）。同年、株式会社カワダロボティクスに入社、開発部主任として製品化プロジェクトをリード。2018 年より株式会社 Preferred Networks にてパーソナルロボットプロジェクトに携わり、2021 年からは株式会社 Preferred Robotics に転籍して家庭用自律移動ロボット「カチャカ」の製品化に従事。2024 年より現職。高専時代から現在に至るまで、人とロボットに何ができるかに興味を抱き続ける。アカウント名の youtalk は本名 yutaka のもじり。1985 年生まれ。大阪府大阪市出身。2 児の父。子どもの数だけ改版が進むかも？

第 1 版編集協力者

Geoffrey Biggs (ジェフ・ビグス)
Open Source Robotics Foundation CTO

およそ石器時代からオープンソースロボットソフトウェアの開発に従事。2003 年、Player/Stage という世界的に有名なロボットソフトウェアフレームワークの開発コアメンバーとして参加。この活動がきっかけで来日し、産業技術総合研究所で働きながら RT ミドルウェアという国産ソフトウェアプロジェクトに貢献。同時に ROS の活動も始め、RT ミドルウェアと ROS の連携や ROS コミュニティの拡大にも寄与。現在は ROS 2 への貢献や ROS Japan Users Group のイベント活動をしながら、株式会社ティアフォーで ROS を基盤とするオープンソースの自動運転ソフトウェア「Autoware」の開発を主導。その後 OSRF に移り、現在は CTO を務める。コミュニティ活動が実り、2018 年、近藤さんと株式会社アールティ中川さんと一緒に世界初のローカル ROSCon を成功に導いた。本書のレビュー、編集協力を行う。

高妻 真吾 (こうづま しんご)
株式会社 Preferred Networks エンジニア

2009 年、東京大学情報理工学系研究科 知能機械情報学専攻修士課程修了。同年 ソニー株式会社に入社。ロボットを含む家電製品の開発に従事。2018 年より現職。前職で ROS 1 と出会い、酸いも甘いも経験する。ROS 2 が多くの製品で採用され、ロボットが身の回りに溢れるのを夢見る 3 児の父。好きなロボットは QRIO、コロ助。本書のレビュー、編集協力を行う。

第2版編集協力者

岸 俊道（きし としみち）
GROOVE X 株式会社 エンジニア

2015年、名古屋大学大学院工学研究科 機械理工学専攻修了。同年、株式会社ドワンゴ入社。WEB、家電デバイス向けアプリ、バックエンドの開発などに従事。2018年より GROOVE X 株式会社で家族型ロボット「LOVOT」の開発に携わる。以降ロボットのナビゲーション機能の開発を担う。2022年より株式会社 Preferred Robotics にて家庭用自律移動ロボット「カチャカ」の開発に関わる。2024年から現職。中学生のときに二足歩行ロボットのキットに出会い熱中して以来、趣味でロボット製作を行っている。本書のレビュー、編集協力を行う。

片岡 大哉（かたおか ●●●）
株式会社ティアフォー エンジニア

2018年、大阪大学大学院工学研究科 知能機能創世工学専攻修了。学士・修士で取り組んだソフトロボット制御の研究からロボットを始め、修士1回生夏に参加した三菱重工業株式会社のインターンで ROS Indigo に出会う。その後 RoboCup Humaniod SPL リーグや Maritime RobotX Challenge に向けたソフトウェア開発を担当し ROS ベースの自律移動システムを複数趣味開発。現職株式会社ティアフォーでは自動運転システム Autoware のシミュレータ開発を担当。本書のレビュー、編集協力を行う。

■ Staff
装丁デザイン●嶋 健夫（トップスタジオデザイン室）
装丁イラスト●青木 健太郎（セメントミルク）
本文デザイン・DTP ●株式会社トップスタジオ
担当●高屋 卓也

改訂新版 ROS 2 ではじめよう
次世代ロボットプログラミング

ロボットアプリケーション開発のための
基礎から実践まで

2019 年　8 月 24 日　初版　　　　　第 1 刷　発行
2024 年 10 月　2 日　改訂第 2 版　第 1 刷　発行

著　者　近藤 豊
発行者　片岡 巌
発行所　株式会社技術評論社
　　　　東京都新宿区市谷左内町 21-13
　　　　電話　03-3513-6150　販売促進部
　　　　　　　03-3513-6177　雑誌編集部
印刷／製本　日経印刷株式会社

定価はカバーに表示してあります。

本書の一部または全部を著作権法の定める範囲を越え、無断で
複写、複製、転載、あるいはファイルに落とすことを禁じます。

© 2024　近藤 豊

造本には細心の注意を払っておりますが、万一、乱丁（ページの乱
れ）や落丁（ページの抜け）がございましたら、小社販売促進部
までお送りください。送料小社負担にてお取り替えいたします。

ISBN978-4-297-14395-4　C3055
Printed in Japan

■本書についての電話によるお問い合わせ
はご遠慮ください。質問等がございました
ら、下記まで FAX または封書でお送りく
ださいますようお願いいたします。

〒 162-0846
東京都新宿区市谷左内町 21-13
株式会社技術評論社第 5 編集部
FAX：03-3513-6173
「改訂新版 ROS 2 ではじめよう
　次世代ロボットプログラミング」係

FAX 番号は変更されていることもあります
ので、ご確認の上ご利用ください。
なお、本書の範囲を超える事柄についてのお
問い合わせには一切応じられませんので、あ
らかじめご了承ください。